ハヤカワ文庫 NF
〈NF510〉

〈数理を愉しむ〉シリーズ

「偶然」の統計学

デイヴィッド・J・ハンド
松井信彦訳

早川書房
8083

THE IMPROBABILITY PRINCIPLE

Why Coincidences, Miracles,
and Rare Events Happen Every Day

by

David J. Hand

Translated by
Nobuhiko Matsui

Published 2017 in Japan by
HAYAKAWA PUBLISHING, INC.
This book is published in Japan by
arrangement with
THE SCIENCE FACTORY LIMITED
through THE ENGLISH AGENCY (JAPAN) LTD.

シェリーへ

真に異例な日というものがあるなら、それは
異例な事態が何も起こらない日のことだ。

――パーシ・ダイアコニス[1]

目　次

「偶然」の統計学

前置き

本書のテーマは、到底起こりそうにない出来事である。考えれば考えるほど起こりそうにない物事がなぜ起こるのかについて語っていく。だがそれだけではない。なぜ次々起こるものなのかも解き明かす。

最初は矛盾に思えるかもしれない。考えれば考えるほど起こりそうにないのに、いったいどうやって次々起こるというのか？　起こりそうにないと言うからにはまれなはずだ。

これが矛盾でないことは数々の実例が示している。たとえば、ロトに一度ならず当たった人や運悪く雷に何度も打たれた人が何人もいるし、桁外れの金融危機が繰り返し起こっている。だが、確かに説明が要《い》る。

宇宙に関してはその仕組みを説明する法則がある。ニュートンの運動の法則は、物が落とされるとどのように落ちるか、あるいはなぜ月が地球の周りを回っていられるかを教えてくれる。車を加速するとなぜ背中にシートが押し付けられるのかも、つまずいて転ぶとなぜ地面にしたたか打ちつけられるのかも説明できる。自然界にはほかにも法則があって、星の誕生や最期、人類の起源、もしかすると人類の行く末を示してくれる。

同じように、到底起こりそうもない出来事にも法則があるのだ。「ありえなさの原理」とは偶然に関する法則一式に私が付けた呼び名で、それらは総体として、思わぬ出来事は起こるものであること、そしてそれはなぜなのかを教えてくれる。

この原理をなす法則はいろいろなレベルで立ち現れる。この宇宙の振る舞いという——2＋2＝4という基本的かつ絶対的な真理と同じくらい——根源的な側面に絡んでいる法則もあれば、私たちが「確率」という言葉で表現している奥深い性質に絡んでいる法則もある。さらには、脳は単なる記録装置ではないとばかりに、人間心理に絡んで登場する法則もある。条件がそろえばどれか一つだけでもこの原理の効果が現れるが、相まって一斉に効果を発揮したとき、その力はなんとも目を見張るものとなる。そして想像だにしなかったような思わぬ出来事が起こる。

この手の書籍の例に漏れず、本書も大勢の方々と長年行なってきた研究や対話、あるいは議論の上に成り立っている——あまりに多くて全員の名を挙げてしかるべき謝意を表することができない。とはいえ、そのうちの何人かには詰めの段階を経て一冊の本になるまでのあいだに数々のアイデアを検証していくなかでたいへんお世話になった。友人で同僚のマイク・クロウ、ケイト・ランド、ニール・アダムズ、ニック・ハード、そしてクリストフォロス・アナグノストポウロスからは、各種草稿にコメントをいただいた。代理人のピーター・タラックと担当編集者のアマンダ・ムーンは、草稿が最終的な形になるまでの過程において重要な役割を担ってくれた。偶然にも（実はそうではないかもしれない。なにしろ、偶然もありえなさの原理の表れだ）、本書がまだ構想段階だったころ、ウィントン・キャピタル・マネジメント社の創業者デイヴィッド・ハーディングがある役職につかないかという話をもってきてくれた。同社で経験した奥の深い推計上の難題がきっかけで、私はまれな出来事についてもっと掘り下げて考えるようになった。そして最後に、妻のシェリーに心から感謝している。本書が徐々に形をなすにつれて私の心は上の空になっていったが、彼女は再び我慢してくれたうえ、内容に関して貴重なコメントをくれた。

1章　不可思議なこと

漂流している船も幸運に恵まれれば港に着けるものだ。

——ウィリアム・シェイクスピア

（『シンベリン』松岡和子訳、ちくま文庫から引用）

まったくもって信じがたい

一九七二年の夏、ジョージ・ファイファーの小説『ペトロフカの少女』（黒田晶子訳、角川書店）の映画化作品（日本でのテレビ放映タイトルは『ペトロフカの娘』）で助演を務めた俳優アンソニー・ホプキンスが、原作を買いにロンドンへ出かけた。だが、市内のどの大きな本屋へ行ってもあいにく一冊もなかった。それが帰る途中、地下鉄のレスタースクエア駅で電車を待っていたとき、隣の椅子に本が捨て置かれているのに気がついた。それが『ペトロフカの少女』だった。

これだけではまだ偶然には当たらないとばかりに、この話には続きがある。後日、原作者と対面したおりにホプキンスがこの奇妙な成り行きの話をしたところ、ファイファーが関心を示した。というのも一九七一年の一一月、ファイファーは『ペトロフカの少女』を一冊友人に貸した――その一冊はアメリカ版の刊行に向けてイギリス英語をアメリカ英語に直すための書き込み（labour を labor にするなど）が入っていた唯一の本だった――のだが、友人がそれをロンドンのベイズウォーターでなくしていたのだ。ホプキンスがさっそく書き込みを確かめてみると、手持ちの本はファイファーの友人がどこかに置き忘れたまさにその本だった。(1)

あなたはこう問いたくなる。そんなことが起こる確率はどれくらいか？　一〇〇万分の一？　一〇億分の一？　いずれにしても不審が頭をもたげてくる。あの本をホプキンス経由で巡り巡ってファイファーのもとへと戻すような、私たちのあずかり知らない力なり影響なりが絡んだ説明がありそうに思えてくる。

驚くばかりの出来事をもう一つ、分析心理学者カール・ユングの著書『シンクロニシティー』（邦題は『共時性――非因果連関の原理』。『自然現象と心の構造――非因果的連関の原理』海鳴社に河合隼雄訳で所収）から紹介しよう。彼はこう記している。「作家のヴィルヘルム・フォン・ショルツが……ある母親の話を伝えている。彼女は幼い息子の写真をシュヴァルツヴァルトで撮り、そのフィルムをシュトラスブルクで現像に出した。ところが、戦争が勃発して取りに行けなくなり、なくなったものとしてあきらめた。一九一六年、彼女はそのあと生まれた娘の写真を撮ろうとフランクフルトでフィルムを買った。現像してみると二重露光されていたのだが、なんと重なって写っていたのは彼女が一九一四年に息子を撮った写真だったのだ！　あのフィルムは現像されず、巡り巡ってどういうわけか新しいフィルムに混ざって売られていたのである(2)」

こうした偶然はほぼ誰もが経験しているのではないだろうか――ここまで極端ではないにしろ。普通にありそうなのは、ある人物のことを考えていたらその相手から電話がかかってきた、というようなことだろう。妙な話だが、私は本書の執筆中にまさにそれに近い体験をした。職場の同僚が、統計学的な方法論のある分野（いわゆる「多変量t分布」）に関する文献を薦めてほしいと頼んできた。翌日少しばかり調べてみたところ、サミュエル・コッツとサラリーズ・ナダラジャという二人の統計学者が書いたまさにそのテーマの本を見つけた。詳細を同僚に伝えようと電子メールを打ち始めたとき、カナダからの電話で作業が中断された。そのときの会話のなかで相手が偶然、サミュエル・コッツが近ごろ他界したことに触れたのである。

こんな話もある。二〇〇五年九月二八日付の《テレグラフ》紙によると、ベテランゴルファーのジョーン・クレスウェルが、イギリスのカンブリア州にあるバロウ・ゴルフ・クラブの一二番ホールで一五〇ヤードのホールインワンを達成した。あなたはこう思うかもしれない。確かにすごいが、それほどありそうにない話ではない——なんといってもホールインワンは起こるものだ。だがこんな続きを聞かされたらどう思うだろうか。その直後、一緒に回っていた駆けだしのマーガレット・ウィリアムズもまたホールインワンを達成した。(3) 向きあうしかない。到底起こりそうになく、あまりに思いも寄らず、なんとも見込み薄の出来事が時として起こり、この宇宙には私たちが理解していない何かがあると諭されているような気にさせられる。私たちが日々の暮らしでなじんでいる自然法則や因果律は、たまに破綻することがあるのではないのか。少なくとも、出来事が偶然に重なった、人や物がランダムに引き合わされた、などと説明するしかないのか。そんなふうに思えてくる。何かが目に見えない影響力を行使しているとさえ考えたくなる。

えてして、そうした出来事は私たちを驚かせて話題を提供する以上のものではない。初めてのニュージーランド旅行中にあるカフェに入ったとき、隣のテーブルの見知らぬ二人組の片割れがイギリスで私が所属する大学のノートを使っていたという経験がある。だが、この種の奇妙な出来事によって人生が大きく変わることもある——運のいいほうではロトを二回当てたニュージャージーの女性のように、悪いほうでは落雷に何度も見舞われたサマーフォード少佐のように。

人間は好奇心旺盛な動物なので、奇妙な偶然の隠れた原因をおのずと探し求める。何の因果で同じ大学に属する二人の見知らぬ者どうしが、地球の裏側へ旅行してまったく同じ時刻に同じカフェで隣り合うテーブルにつくことになったのだろう？　先ほどの女性はどんな経緯でその二組のロト番号を選んだのか？　途方もない静電気力をサマーフォード少佐へ繰り返し導いたのは何か？　そして、アンソニー・ホプキンスと『ペトロフカの少女』を空間をぬって、時を超えて、同じ時刻に同じ地下鉄の駅の同じベンチで巡り合わせたのは何だったのか？

疑問はこれでは終わらない。そうした偶然の隠れた原因はどうしたら活かせるか？　どうしたら私たちを利するように操れるだろうか？

ここまで挙げてきた例はどれもスケールがきわめて小さい――個人のレベルの話である。だが、もっと深遠な例が数え切れないほどある。たとえば、こうしたありそうもない出来事が起こらなかったら人類どころか銀河さえ存在しなかったとほのめかしているらしい例がある。遺伝子配列に生じたほんの小さなランダムな変化が積み重なってやがて人間のような複雑な存在ができたことと関わっている例もある。地球から太陽までの距離や木星の存在、さらには基本的な物理定数の値にまで絡んでいる例もある。するとやはりこんな疑問が浮かんでくる。こうした一見どう考えてもありそうにない出来事に対しては、まったくの偶然というのが現実的な説明なのか、それとも実はこうした出来事の成り行きを背後で操る影響や力がほかにあるのか？

こうしたもろもろの問いに、私が「ありえなさの原理」と呼んでいるものが答えてくれる。到底起こりそうにない出来事はありふれていると主張するこの原理は、この原理以上に基本的な法則一式による帰結だ。法則どうしはすべて互いに結び付いており、万に一つも起こりそうにない出来事を容赦なく必然的に引き起こす。これらの法則、すなわちありえなさの原理によれば、この宇宙はそもそもそうした偶然が避けられないようにできている。なんとも起こりそうにない出来事も起こるはずなのであり、ゼロに等しいほど確率の低い出来事もいずれ必ず起こるのである。ありえなさの原理は、そうした出来事がどうにも起こりそうにないのに次々起こっているという見かけの矛盾を解消してくれる。

本書ではまず、近代科学以前にどんな説明がなされていたかを見ていく。たいていそうした説明は、時のはるかかなたに起源をもっている。そんな時代遅れの説明にしがみついている人は今も多いが、どれもベーコンによる革命以前のものだ。この革命以降、自然界を理解する方法とは、データ収集や実験や観察を行ない、それらを土台に、何が起こっているかに関して提唱されている説明を評価することである。それに対し、近代科学以前の考え方は、科学的な手法で有効性が徹底的に検証される前のものだ。しかし、検証されていない、あるいは検証できない説明を有効と見なすわけにはいかない。エピソードないし作り話でしかなく、サンタクロースや歯の妖精が登場する子供の寝物語と同格である。掘り下げる努力をする気がない者やできない者を安心させたり懐柔したりする役には立つが、理解には導かない。

理解を得るには、もっと深く探る必要がある。そうした探求の過程で、思索家たち――研究者、哲学者、科学者――は自然の仕組みを説明する「法則」を見つけ出そうと努めてきた。自然法則とはこの宇宙がどのように振る舞うのかを、観察結果が示すことというシンプルな形式でまとめた簡潔な要約だ。自然法則とは抽象概念である。たとえば、高い建物から落下中の物体の進み方は、〝物体の加速度はそれに働く力に比例する〟というニュートンの運動の第二法則で記述できる。自然法則は現象の核心に迫ろうというものであり、余計なものをはぎ取ってその神髄をあらわにする。自然法則は、そこから導き出される予測を観察と、すなわちデータと突き合わせることによって見いだされる。密閉された気体の温度を上げればその圧力が上がるとする法則があるが、実際にそうなるのか？　データはそれを裏付けているか？　電圧を上げると電流が増えるとする法則があるが、実際の観測結果はそうなっているか？

データと説明を突き合わせるというこのプロセスを応用することで、私たちは自然を理解することにかけて際立った成功を収めてきた。人類の科学技術による輝かしい成果の蓄積、すなわち現代世界は、そうした説明の持つ力を示すひとつの証である。

現象を理解するとその神秘性が失われると考えていそうな向きはもちろんいる。理解とは不明瞭、錯乱、曖昧、混乱を解消すること、という意味ではそのとおりだ。しかし、虹に色が見える理由がわかったとしてもその素晴らしさは損なわれない。わかったおかげで、研究対象となっている現象の裏にある美がより深く理解されるうえ、畏怖の念まで呼び起こされるのだ。私たちの暮らす驚異の世界は多種多様なピースがはまって形作られているのだとわかるのである。

ボレルの法則──十分に起こりそうにない出来事は起こりえない

エミール・ボレルは、一八七一年生まれの著名なフランス人数学者である。確率の数学的側面（いわゆる「測度論」）を扱ういくつかの分野の先駆者であり、ボレル測度、ボレル集合、ボレル＝カンテリの補題、ハイネ＝ボレルの定理など、彼の名が冠された数学的対象や数学概念もある。一九四三年、彼は『確率と生活』（平野次郎訳、白水社）と題した一般向け入門書を著した。確率の性質や使い道をいくつか紹介しているこの本で、彼は今では単にボレルの法則とも呼ばれている「偶然独自の法則」を提唱した。それによると「確率が十分に低い事象は決して起こらない」[4]。

どう考えても、ありえなさの原理はボレルの法則と相容れなさそうだ。ありえなさの原理によれば確率のきわめて低い出来事は次々起こるが、ボレルの法則によれば決して起こらない。どういうことなのか？

ところで、ボレルの法則を読んであなたは最初、〝そんなわけないだろう。確率がすごく低い出来事は現に起こってるじゃないか、頻繁じゃないだけで〟という、私がそれを初めて読んだときと同じ感想を抱いたのではないだろうか。確率とはまさにそういうもので、低い確率については特にそう言える。ところがあの本を読み進むうちに、彼がもっと細かい話をしていることがわかってきた。

ボレルはその意図するところを古典的な例を持ち出して説明していた。サルがタイプライターのキーをデタラメに叩いて偶然シェイクスピアの全作品を打ち出すというあれだ(5)。ボレルはこう語る。「そうした出来事は、ありえないことを合理的に示せないとはいえ、あまりに起こりそうもなく、良識的な者は躊躇なく現実的にありえないと言い切るだろう。そんな出来事を見たと主張する者がいたら、端《はた》からはこちらを欺こうとしていると、あるいは誰かにだまされていると思われるに違いない(6)」

というわけで、ボレルは「きわめて低い確率」を人間の尺度で語っており、人間のあずかり知るレベルで確率があまりに低いので、そうした出来事をいつか目撃できると期待するのは合理的ではなく、起こりえないと見なすべきだ、と言っているのである。実際、彼は「偶然独自の法則」（前出の「確率が十分に低い事象は決して起こらない」）について説明したあと、「または、少なくとも、われわれはいかなる状況でもそうした出来事が起こりえないものとして行動すべきである(7)」［傍点はボレル］と述べている。

読み進むとまた別の例が示されている。「市内を一日中動き回るパリ市民の誰かがある日に交通事故で死亡する確率は、およそ一〇〇万分の一である。この微々たるリスクを避けようと、戸外での活動をすべて絶って自宅に引きこもる、あるいは妻子にこうした制約を押しつける男性がいたら、頭がおかしいと思われるだろう(8)」

同じようなことを述べた思索家もいる。たとえば一七六〇年代、ジャン・ダランベールは起こる／起こらないが等確率の事象がきわめて長いこと起こり続けるところは目撃しうるものなのか、という疑問を抱いた。ボレルからさかのぼること一世紀ほどの一八四三年、アントワーヌ＝オーギュスタン・クールノーは著書『偶然および確率の理論に関する論説』で、完璧な円錐が倒れず逆さに立つことの、理論上ではなく現実的な確率について議論している。[9]「物理的な確実性」に対するものとしての「実用的な確実性」という表現はクールノーによるものとされており、さらには「実用上確実なこととして、確率がきわめて低い事象は起こらない」という考えはクールノーの原理とも呼ばれている。くだって一九三〇年代、哲学者のカール・ポパーは著書『科学的発見の論理』（大内義一・森博訳、恒星社厚生閣）で、「きわめて起こりそうにない物事は無視すべきというルール……は、科学的な客観性という要求に沿う」［傍点はポパー］[10]と述べている。

　ほかにも著名な思索家が同じような概念について述べていることを思うと、なぜこの考えには概してボレルの名が結び付けられているのかと問いたくなるかもしれない。それに答えてくれそうなのが、名前の由来に関するスティグラーの法則だ。彼によると、「元の発見者の名を冠した科学法則はない」（そしてさっそく「本法則もしかり」と添えている）。

　ボレルの法則は学校の幾何学で習う点、線、面にたとえられる。学校で習ったように、幾何学の物体は数学上の抽象物であり、実世界には存在しない。便利な簡略化にすぎないのだ――私たちはそれらについて考えたり頭の中で操作したりして、それらを使って表している実世界の物体に関する結論を導く。同じように、数学上の理想として、きわめて低い確率は実際にはゼロではないがゼロとして扱っていい。現実の実用的な人間的尺度において、確率が十分に低い出来事は決して起こらないのだから。これがボレルの法則である。

再びボレルを引用しよう。「心しておくべきことがある。すなわち、偶然独自の法則には数学的な確実性とは性質の異なる確実性が付随しているのだが、その確実性は、われわれに歴史上の人物や地球の裏側にある都市の存在を、たとえばルイ一四世やメルボルンの存在を受け入れさせている確実性に類するものであり、外部世界の存在というものに対してわれわれが認めているような確実性にさえも類するものである」(11)

ボレルはもう一歩進んで、出来事が決して起こらないような「十分に低い」確率とはどの程度かを示す尺度を与えている。次の説明は彼によるその尺度の定義（を少しばかり言い換えたもの）だ。どの程度の数字が絡んでいるかがわかるよう、それぞれに例を添えている。

人間的な尺度で無視できる確率：約一〇〇万分の一より低い。ポーカーでロイヤルフラッシュが出る確率は約六五万分の一で、確率一〇〇万分の一より二倍近く高い。一年は三〇〇〇万秒強あり、よってボレルの尺度で言うと、ある事をするための一秒をあなたと私がランダムに選ぶとしたら、二人ともそれを同じ一秒に行なう確率は人間的な尺度で無視できる。

地球的な尺度で無視できる確率：約 10^{15} 分の一より低い（この表記になじみのない読者は付録Aの解説を参照されたい）。地球の表面積は 5.5×10^{15} 平方フィートである。よって、立つ場所としての一平方フィートをあなたと私がランダムに選ぶとしたら（かなりの一平方フィートが海底に存在するのだが、そうした厳密なことは言わない）、二人とも同じ一平方フィートを選ぶ確率は地球的な尺度でまったく無視してかまわない。ブリッジをしているプレーヤーにすっかりそろった手札が配られる確率は大ざっぱに言って4×10^{10}分の一で、地球的な尺度で無視できる出来事に比べると、起こる見込みははるかに高そうだ。

宇宙的な尺度で無視できる確率：約10^{50}分の一より低い。地球は10^{50}個程度の原子でできていることから、あなたと私が地球全体から原子を一個ランダムに選ぶとしたら、二人とも同じ原子を選ぶ確率は宇宙的な尺度で無視できる。それに比べると、宇宙全体に恒星は〝たった〟10^{23}個前後しかない。

超宇宙的な尺度で無視できる確率：約$10^{1000000000}$分の一より低い。宇宙に存在するバリオンと呼ばれる素粒子の数は10^{80}個と見積もられていることから、この尺度で低い確率の実例を考えるのは難しい！

確率が「無視できるほど低い」物事に関するボレルの尺度は、〝現実問題としてありえないと扱えるほど起こりそうもないと見なすべき出来事〟とはどういうものかを教えてくれる。対するありえなさの原理は、ボレルが挙げたようなきわめて起こりそうもない出来事さえ次々起こると主張する。ありえなくないどころか、繰り返し目にするというのである。きわめて起こりそうになくて決して目にしない、またはいかにも起こりそうで次々起こる、のどちらかならわかるが、両立するはずはないのでは？

　これから、起こりそうにないということの意味をひもときながら、この矛盾を解消できることを見ていく。ありえなさの原理をなすさまざまなより糸は、タマネギの皮のような層と捉えることができる。皮をむくほど説明が明確になっていくのである。そのより糸――超大数の法則、近いは同じの法則、選択の法則など――の一本一本が、ボレルの法則とありえなさの原理がいかに両立しうるかについてそれぞれ光明を投じている。

　ありえなさの原理をなすより糸のなかには実に奥深いものもある。たとえば超大数の法則は、病気の集団発生らしき現象の原因が汚染物質なのか、それとも単なる偶然なのかを判断するのに重要な役割を果たす。だが、ほかはそれほどでもない。では、額面どおりのことは到底起こりそうになくて目にするはずのなさそうな、言いかえれば、〝そんなことはまず起こりそうにないからありえないと見なすべき〟と思える、次の記事の内容に対して、あなたは何か説明を思いつくだろうか。二〇一一年一二月一九日付の《USニューズ&ワールドレポート》の記事からだ[12]。北朝鮮の最高指導者だった故金正日《キム・ジョンイル》を取り上げたその記事によると、「一九九四年の初ゴルフで、金正日は七七〇〇ヤードの平壌ゴルフコースを支配した。三八アンダーという想像を絶するスコアをマークし、同国唯一のコースを最悪でもバーディーで回った。ラウンド中にホールインワンを一一回記録し、その偉業は居合わせた一七名のボディーガードが見届けていた」

タイプライターのキーを無作為に叩いてシェイクスピア全作品を打ち出すサルに対してボレルが仮想的に示した反応が思い浮かんだかもしれない。先ほど述べたように、ありえなさの原理をなすより糸には単純明快なものも実に奥深いものもあり、本書ではこれらについて探っていく。

2章　気まぐれな宇宙

教師：「地球が平らじゃないことは知っているな」
生徒：「うちのあたりでは平らです」

――『セントマイケルズ校第四学年、パート2』[1]（訳注　一九二〇年代のイギリスの有名なラジオドラマ）でのウィル・ヘイとビリー・ヘイ

なぜわが身に？　なぜここに？

思い浮かべてみよう。ある心地よい夏の夕べ、あなたは庭に出て芝生に腰を下ろしている。かたわらには冷えた白ワインをついだグラス。あなたは小さなボールをぼんやりと右手へ、左手へとほうっている。ふと、何の気なしにそれを高々と投げ上げる。ボールは空へと向かい、重力に引っ張られて徐々にスピードを落とし、軌道の頂点で止まると、落下し始め、次第にスピードを増す。そしてどんどん加速して落ちた先は……ポチャッ、ワイングラスの中

だった。

確かに運が悪い。なかなかありそうにないことでもある。ボールの落下しうる場所が芝生の上にあれだけあったなかで、たまたま選ばれたのはグラスの縁で囲まれたわずか数平方センチの中だった。

よくご存じのとおり、グラスに入るよう狙って、、ボールを高々と投げ上げても、まずうまくいかないだろう。ということは、明らかに何か謎めいたことが起こっている。誰かがボールの軌道を操って狙った先へと導いたかのようだ――いたずら好きの小悪魔が自然法則を変えようと心に決め、あなたをだしに遊んでいたとか。

同じくらいありそうにない体験は誰にもあるだろう。ボールがワイングラスの中に落ちるというほど不運なことではなかったかもしれないが、印象が強く残る程度には妙なことだったのではないだろうか――どうしてこんなことが起こるのか、と考えさせるほど。こうしたことが起こると、私たちが予想する宇宙の振る舞いと現実の振る舞いとのあいだのずれがきわだって見えてくる。

普通に考えれば、宇宙が気まぐれに振る舞うというのは穏やかならぬ話だ。私たちは物事が起こる理由を知りたがり、因果関係をはっきりさせたがり、目にしたことの背後にあるルールを理解したがる。人間には身の安全を守りたいという基本的な欲求があり、出来事が単なる偶然で起こりかねないなら根本的な心配が生じる。なにしろ、原因がないなら結果を手なずけたり操ったりするすべがない。病気や事故や失敗を避けられないことになる。絶えず恐怖を感じながら生きていくことになる。予測もつかない災難が迫りくるのを待ち受けながら。

一方、そうした出来事を予言できる者、さらには操れさえする者は、強大な力をもつことになる。銃弾から身をかわし、車の衝突事故を避け、勝ち馬に賭け、利益の出る株を買い、落ちてきたボールが入る前にワイングラスを動かすことができるはずだ。

そうした謎を説明しようという初期の――近代科学以前の――試みは、ボールがグラスの中に落ちる例をふまえて「小悪魔説」とでも呼べそうな説明を採用していた。それによると、出来事の背後に謎の力なり存在なりがあって、えてして悪意をもって振る舞っている。この線に沿ってさまざまな説明がごまんと生み出されてきた。迷信、予言、神々と奇跡、超心理学的説明、ユングの「シンクロニシティー」など枚挙に遑《いとま》がない。まずは迷信から見ていこう。

迷信

出来事の背後にある原因を理解したいという本能的な欲求に突き動かされ、私たちはパターンを、出来事の連鎖を探す。そして出来事Aが起こったあとには往々にして出来事Bが続く、などと気づく。左右を確かめずに道路に出る人は車にはねられることが多いとか、上空が暗い雲に覆われるとよく雨になるとか。見いだされたパターンの多くは物理的に理にかなっており、山あり谷ありの人生を乗り切るうえできわめて有用な指針となる。絶対確実に何が起こると言っているわけではないが、次にどうなりそうかは教えてくれる。

私たちが気づくパターンの多くには原因が隠れている。そうでなければ、私たちはとうの昔に絶滅していただろう。丈《たけ》の高い草むらに動きが見られるということはそこにトラが潜んでいる、とは気づかずに。はるか下流から轟音が聞こえてくるということは滝のほうへ流されている、とも気づかずに。

パターンを調べていくと、往々にしてそれを説明する証拠が見つかり、原因が正しく突き止められたことがわかる。初期の疫学的成果から喫煙と肺がんの結び付きが見つかったことに対しては、のちの生物学的研究で確かに因果関係があることがはっきりした。肥満と心臓病には関連があるという、診断に基づく示唆に対しても、その後の実験的成果でそうした関連性の存在が明らかになった。

だが、認められたパターンがどれも現実の物理的関係の表れというわけではない。見いだされたパターンが偶然の産物でしかないこともある。行く手を黒猫が横切った直後に転んだことが最近二度あったと気づいたとしても、何かの因果関係の表れだとは思わないだろう。私が今年車で観にいった劇はどれも素晴らしかったが、公共交通機関に乗って観にいった劇にはがっかりさせられた、というのは事実だが、このパターンがこれからも続くとは限らない。そのあたりを見分けるコツは、現実の隠れた因果関係の確かな現れであるパターンとそうではないパターンとを区別することだ。科学とは広い意味でまさにそのことの絶えざる試みだと言える。

パターンが見つかりはしたが単なる偶然であって隠れた原因は何もない――そんなパターンは迷信の元になりやすい。迷信とは因果関係がないところに因果関係があると信じ込むことで、たとえばカジノでクラップスをしていてサイコロにキスしてからテーブルに投げると六のぞろ目が出やすくなる、巻いた傘を持ち歩くと雨になりにくくなる（私はロンドン暮らしなもので）、などがそれに当たる。

パターンを認識してそれが表す因果関係を推し量る能力が進化上有利に働くことは、動物でもまったく同じようにして「迷信」が形成されるという事実がはっきり示している。心理学者のB・F・スキナーはおなかをすかせたハトをかごに入れ、そこにハトがいつ何をしたかに関係なく一定間隔でエサを出す装置を取り付けた。すると、ハトはエサが出てくることとエサが出てきたときにしていたこととの関連付けを学習したようだった。というのも、エサがもっと出てくることを願ってか、エサが出てきたときの行動を繰り返すようになったのだ。スキナーはこう記している。

この実験は、ある種の迷信を実証していると言えるかもしれない。ハトはみずからの振る舞いとエサの出現とに因果関係があるかのように振る舞うが、そのような関係は存在しない。人間の振る舞いにも同様の行動が数多く見られる。カードのプレーヤーがツキを変えようとして行なう儀式がその好例だ。儀式と望ましい結果に偶然の結び付きがいくつかあると、その結び付きを強化しない出来事が多数発生しても儀式は確立され維持される。ボウリングの投者が投球後にボールを操るがごとく腕や肩をひねったり回したりするしぐさを続けるのも一例と言えよう。当然ながら、こうしたしぐさに当人のツキやレーンの中ほどまで進んだボールへの現実的な影響力はなく、それはハトが何もしていない――あるいは厳密に言えば何かほかのことをしている――ときでもエサの出てくる頻度が変わらないという前出の事例と同じことである(2)。

「カーゴカルト《積荷崇拝》」は、パターンが見いだされたもののその隠れた原因について何の根拠もないケースの一例である。たとえば第二次大戦後に南西太平洋諸島の原住民が見せた行動がそうだ。彼らはまず日本軍が、のちに連合軍の兵士が、滑走路を作る、行軍する、着陸機を誘導する、決まった様式の服を着るなどしたのを目にした。こうした物珍しい振る舞いと関連付けられたのが、よそ者たちが「カーゴ」と呼ぶ見たこともない物資――缶詰、衣服、車両、銃器、無線機、コカコーラなど――を大量に積んだ巨大な空飛ぶ機械が飛んでくることだった。戦争が終わってよそ者たちが去ると、原住民は自分たちも同じような行動をとれば飛行機がまた飛んでくると考えた。そこで藁とココナッツで滑走路を作り、竹とひもで管制塔を建て、戦時中に出くわした兵士が着ていたような服に身を包んだ。そして木彫りのヘッドホンをかけて椅子に座り、「滑走路」から見よう見まねの着陸信号を送った。彼らはパターン

——よそ者があの奇妙な振る舞いをすると豊かな報酬が届く——を見いだし、そこに結び付きがあるのだと、隠れた因果関係があるのだと推論したのだった。だが、推論によって導かれたこの関係は実際には因果関係ではなかった。

ある出来事に続いて別の出来事が驚くほど頻繁に起こっていても、最初の出来事が二つめの出来事の原因だとは限らない。統計学者はこのことを手短に「相関関係は因果関係を含意しない」と表現する。日焼け止めの売上増はよくアイスクリームの売上増と結び付けられるが、片方がもう片方のおかげということではなさそうで、むしろ共通の原因――夏らしい暑い日が多いなど――が存在している可能性のほうが高い。同じように、この私を観察すると、朝に自宅の屋根が湿っていると必ず傘を持って出ることに気づくかもしれない。だが、傘を持ち歩く気にさせているのは湿った屋根ではない。この誤謬を言い表すのに哲学者や論理学者はラテン語の警句 post hoc ergo propter hoc を持ち出す（「前後即因果」などと訳されている）。因果関係があるならば、そこには必ず時間的な前後関係があるが、時間的な前後関係があるからというだけで因果関係があるとは限らないのである。

迷信は運が中心的な役割を果たす二つの分野、ギャンブルとスポーツでとりわけ広く見られる。カジノへ行くと、ある決まったやり方でサイコロを投げれば望んだ目が出ると信じているギャンブラーを見かけることだろう。だが、そのギャンブラーはこうも考えている。サイコロは厳密に決まったやり方で投げる必要がある――そして、正確でないと望んだ目は出ない、と。自分が必ず勝つわけではない理由の都合のいい説明だ。自分の信条が間違っているのではなく、手順に厳密に従うことができなかったせいだ、と本人は考えている。

かつてメジャーリーグで活躍した投手、タ－ク・ウェンデルは、毎イニングの投球前に地面に十字を三つ書いた。マンチェスター・ユナイテッド所属のサッカー選手、フィル・ジョーンズは、靴下をホームでは左足からはき、アウェイで右足からはく。タイガー・ウッズはトーナメント最終日に赤いシャツを着るが、これは彼のではなく母親の迷信のようである。

運が絡むスポーツやゲームでよく見られる迷信に「ホットハンド」信仰がある。これはシュートを決め続けている選手はそのまま決め続ける可能性がいつもより高まっている——いわゆる「ゾーンに入っている」——という考えである。これについては、あなたもある程度はそのとおりだと予想するかもしれない。誰にも「調子のよくない日」（体調がいまひとつであるなど）があるので、「調子のいい日」もあっておかしくない、と。調子のいい日なら、シュートが決まる可能性は単純にいつもより高い。だがホットハンド信仰の信ずるところはもう少しややこしい。シュートをこれからも決め続ける確率は、それまで連続して決め続けてきたことによって高まる、という考え方なのだ。そして、このことはサイコロを投げるといったランダムな行為にも当てはまるとされている。ここで、話をなんとも複雑にする事実がある。私たちは選手の過去の実績を振り返る際、パフォーマンスが平均的だった時期ではなく、平均を上回っていたり下回っていたりした時期を思い出すようにできている。このようにときどき悪かったりときどき良かったりするというのが「平均」の意味合いだ。しかしホットハンド信仰によれば、波に乗っているときの選手がシュートを決め続ける確率は、その選手の平均よりも高い。また、このことは純粋にランダムなゲームでも成り立つとされる。つまりこれは、過去に成功したというだけで未来の成功確率が変わると主張していることにほかならない。

この現象への信仰はとても強い――プレーに影響するほど。バスケットボールの試合では、波に乗っているように見える選手にはチームメートからボールが集まることが多い。シュートを立て続けに決めているので次も決める確率がもっと高まっていると信じてのことである。これが物事をややこしくする。ホットハンド現象を信じることが選手の振る舞いを変えており、それによってシュートの決まる確率が変わってしまうかもしれないのだ。当然ながら、ボールが集まるとその選手のシュート機会が増える。そうなったところでシュート一本一本の決まる確率は変わらないのだが。そしてシュート機会が増えたことが高得点につながれば、ホットハンドの印象はいっそう強化される。

もちろん、迷信は文化によってさまざまだ。中国では元旦に床を掃いたりほこりを払ったりすることは縁起が悪いとされている。行く手を黒猫が横切ることは日本では吉兆とされるのに対し、アメリカでは不吉なこととされている。ヨーロッパ諸国で縁起の悪い数とされているのは13だが、日本や中国や韓国では4だ。一方、多くの文化に共通する迷信もある。たとえば、一羽でいるカササギを見ることは縁起が悪いが、二羽なら縁起が良く、屋内で傘を開くのは縁起が悪く、鏡が割れることは不吉で、はしごの下を歩くことは悪運を呼び込む。この最後の例は、目にした出来事のパターンから迷信が生まれうることの実例と言えそうだ。

塗料でいっぱいの缶がはしごの上からあなためがけて落ちてきたら、はしごの下を歩くのを縁起が悪いと思うようになって不思議はない。(3)

迷信は、ひとたび確立されるとおのずと強化されていく。正式な科学実験を別にすれば、私たちは仮説の正しさを検証するのが不得意だからだ。私たちは自分の説を肯定する証拠や出来事ばかりに気づき、ほかの傾向を示す物事を無視しがちで、これは「確証バイアス」と呼ばれている。たとえば、黒猫を見かけたあとに敷石につまずいたら黒猫を見るのは不吉だという証拠だと解釈し、見かけてもつまずかなかったときのことを無視するのである。

確証バイアスは、心理学者や行動経済学者によって詳しく研究されるようになったのはごく最近だが、何世紀も前から知られている。数々の科学原理の基礎を築いた先駆者フランシス・ベーコンは、著書『ノヴム・オルガヌム』(河出書房新社『ワイド版世界の大思想　第二期4ベーコン』所収の服部英次郎訳など)でこう述べている。

人間の知性は、ある見解をひとたび採用すると……それを支持し、それに合致する方向へ、他のあらゆる物事を引き寄せる。そして相反する事例のほうが数が多く有力だとやがて判明しても、その事実を顧みず忌避するか、あるいは何か理由をつけて排除し却下する……かかる無意味な所業に喜びを見いだす者は、おのれを満足させる事柄には気づくが、満足させない事柄については、そちらのほうがどれほど多かろうと無視し看過するのである。(4)

予言

予言は未来を予告する試みである。宇宙はあらかじめ定められた道筋に沿って進んでいるという前提に基づいており、その道筋の向かう先の不確かさを解消することを目的としている。神や超自然をにおわせることも少なくない。神託は、予言のように予測の伝達手段の役目を果たすのが普通だが、助言の出どころとなることもある。

多くの予言が目に見える兆候に基づいている。たとえば、カップの底に並ぶ茶葉の数や形、易で筮竹《ぜいちく》代わりに使われるノコギリソウの茎の取り分け、タロット占いで占い師がめくる独特のカード、彗星の見かけ、奇妙な雲の形、生まれたときの惑星の位置関係、奇形動物の誕生、などなど。

これらは誰でも目にすることのできる兆候だが、予言は一連の証拠から浮かび上がる予測を丹念に評価してなされているわけではない。よって予言と科学的予測は大違いだ。たとえば、医学研究者は糖尿病患者が網膜症にかかりやすいと知っているが、それは長年患者を調査してきた結果を基に証拠が蓄積されているからである。気象予報士は自分の予報の精度を把握していて、それは「スコアリングルール」と呼ばれる統計的な尺度を編み出して予測を評価しているからだ。食《しょく》がいつ起こるかを予測できるのは、太陽と地球と月の運行を記述するデータを大量に収集してきたおかげと言える。それに対し、占い師が出来事をカップの底に並ぶ茶葉の数や形に基づいて正しく予測できる頻度については、正規の手続きにのっとった評価がほとんどなされていない（私は見たことがないが、公正を期すと、私が見落としている可能性もある）。

　予言の目的は未来に関する不確かさを解消することなのだが、ランダムさという形の不確かさが予言を生む仕組みになっていることがよくある。茶葉やノコギリソウの茎がランダムに並んだり取り分けられたりするのがその実例と言えよう。ランダムさが「情報」を明かす力へのアクセス手段になっているかのようだ。フランスの詩人で小説家のテオフィル・ゴーティエがそれを次のようにうまいこと表現している。「偶然とはひょっとすると神が「本名を」署名したくなかったときの偽名なのかもしれない」。これも茶葉やノコギリソウの茎の例からわかることだが、超自然的なメッセージを解釈するのには、えてしてある種の知識が要《い》る。それどころか、霊能者、僧侶、占い師、予言者、神託者が社会的地位を保っていられるのは、天から降りてきたメッセージを理解できる限られた者という、特異な仲介者としての役割あってのことだ。タキトゥスの史書に描かれたゲルマニアの僧侶がルーン文字の書かれた細長い樹皮をランダムに選んで選択を行ない、ユダヤ人が重要な決定をくじを引いて行なっていた時代、ランダムな手続きは超越した存在の意志がおのずと表れる機会とされていたようだ。聖書もこう言っている。「くじは膝の上に投げるが／ふさわしい定めはすべて主から与えられる」（箴言一六章三三節、新共同訳より引用）

予言は往々にして謎めいた言葉で語られ、意味をあいまいにしていろいろな解釈ができるようにしている。そのため、反駁が難しいこともある。何がどう転んでも「ああ、そうだな、だが私はまさにそう言っていたんだ」と必ず言える予言者と議論するのは至難の業《わざ》だ。一つの「予言」から二つの相反する解釈が可能なことさえある。

そんな事例が、紀元前五六〇～五四六年にリュディア王だったクロイソスの物語に見事に描かれている。それによると、彼はペルシャを攻めるかどうかを決めるため、デルポイに神託を求めた。すると、彼が川を渡ると大帝国が亡びるとのお告げだった。クロイソスはこれを自分に好都合なメッセージと解釈し、滞《とどこお》りなく攻撃をしかけた――だがそのせいでみずからの帝国がペルシャ軍によって滅ぼされた。

ミシェル・ド・ノートルダム、すなわちノストラダムスによる予言は、予言に見られるあいまいさの好例と言えよう。この一六世紀フランスの薬剤師、医師、占星術師は数多くの予言を年鑑、暦書、四行詩で次々と発表した。ノストラダムスの予言は伝染病、地震、戦争、洪水などに的を絞っていたが、私が知る限り、特定の出来事を実際に起こる前からあいまいなところなく詳しく説明しているものはない。さらに、彼の予言ははるか未来の出来事に関するものだった――これもうまい手だ。生前に間違いが証明されることがないのだから。それになんとも啓示的なことに、彼の予言が具体的にどの出来事だったのか、多くのノストラダムスファンのあいだで意見が一致していない。これぞあいまいさの見事な勝利！

予言を量産することも自称予言者には間違いなく良い戦略である。どれかが偶然当たるかもしれないからだ――そして、当たったらそれを強調し、はずれたものを都合良く忘れればいい。

予言のこうした性質をふまえると、占い師として成功するための手引きを書くなら、次の三つの基本原理を意識すると幸先《さいさき》の良いスタートを切れそうだ。

1 ほかの誰にも理解できない兆候を用いる。
2 予測をどれもあいまいにする。
3 違う予測をできるだけたくさんする。

注目すべきは、最初の二つを裏返すと、それが科学的手法の基本的な側面の本質的な定義になっていることだ。

1 測定プロセスを明確に記述し、自分のしたことを他人が正確にわかるようにする。
2 自分の科学的仮説が含意するところを明確に記述し、その仮説が間違った予測をしたらそうとわかるようにする。

予測を量産する、という占い師のための三つめの原理は、二〇世紀なかばに全米各紙に配信されていた占星術コラムで人気を博した占い師ジーン・ディクソンにちなんで「ジーン・

ディクソン効果」と呼ばれている。彼女を一躍有名にしたのは一九六五年に刊行されたジーンの伝記、ルース・モンゴメリイ著の『水晶の中の未来――ケネディ暗殺を予言した女』（坂入香子訳、早川書房）だった。同書は予言者や予言を熱心に信じたがる民衆を取り上げてミリオンセラーになった。ディクソンの予言には当時の世界の指導者さえ注目しており、リチャード・ニクソンはそれを根拠にテロ攻撃に備えたし（起こらなかったが）、ナンシーとロナルドのレーガン夫妻は個人的に助言を受けていた。実を言うと、レーガン夫妻に助言していた占い師は彼女だけではない。レーガン政権で主席補佐官を務めたドナルド・リーガンは、自伝『フォー・ザ・レコード』（広瀬順弘訳、扶桑社）で次のように語っている。「私が大統領主席補佐官としてホワイトハウスに在籍していたあいだ、レーガン大統領夫妻の主要な行動や決定はほとんどすべて、それに先だってサンフランシスコの女性占星術師の判断を仰いでいたのである。その占星術師はそのつど惑星の並び方が、大統領あるいは夫人がそうするに適しているかどうか、占星天宮図に基づいて占うのだった」（広瀬順弘訳より引用）

あいまいであることはさておき、ジーン・ディクソンによるいくつかの予言は実際に当たった――たとえば、《パレード》誌の一九五六年のある号に、民主党候補が一九六〇年のアメリカ大統領選で勝利し、任期中に暗殺されるか死ぬ、という予言がある。大したものだと思うが、この的中は、最初に月面を歩くのはソ連の誰かだ、あるいは第三次世界大戦が一九五八年に始まる、といった仰々しいが外れた予言と相殺されてしかるべきだろう。

およそ予測というものに信憑性を与えたいなら、その背後にある原理について説得力のある説明が伴うよう、配慮しなくてはならない。予測が正しかった場合についてもしかりである。なにしろ、たとえばあなたが私から「サイコロを投げて6のぞろ目が出るという予測が当たった」と聞かされるのと、「サイコロを投げて6のぞろ目が出るという予測が当たった。なぜなら、すべての面が6だと知っていたから」と聞かされるのではまったくわけが違う。サイコロがこんなふうだったと種明かしをされれば、私の予測能力がどれほどのものか、ずいぶんよくわかることだろう（私の膨大なサイコロコレクションのなかには、すべての面が6というサイコロが本当にいくつかある。私はそれをマイビギナーズダイスと呼んでいる。6のぞろ目を出す練習をしようと思われるかたのご参考まで）。

一般論として、自分の予測にたどり着いた経緯を説明できるなら、それが合理的だと納得できる説明であれば、あなたの予測能力は信じられやすくなる。私がたとえば、年齢が高い人ほどローンを返済できなくなる可能性が低いと予測したとしよう。ここで、年齢が上がるほど平均して財務基盤がより健全だと主張して予測を支持すれば、あなたはなるほどと納得して私の主張をもっと信じる気になるかもしれない。年齢は実際に不履行リスクの予測変数の一つだ――ただし、この変数の予測能力が財務基盤がより健全であることに本当に起因しているかどうかは別問題である。

もうひとひねりされた予言もある――「自己成就予言」のことで、何かが起こると予測することと自体が原因でそれが起こる、というものである。名付け親は有名な社会学者ロバート・K・マートンで、彼が例に挙げた心配性の学生は、何の根拠もなく落第する運命にあると思い込んで勉強より心配事に時間をかけ、予測される結末だが、落第する。この考えの重要性を示そうと、マートンは次のような例も挙げている。ある二国の指導者が「両国間の戦争が避けられなくなったと確信するに至った。この確信に駆り立てられ、両国は以降、次第に疎遠になり、どちらも不安にかられて相手の〝攻撃的な〟動き一つひとつに〝防衛的な〟動きで対応するようになる。軍備、資材、兵力の備えは膨らみ続け、やがて戦争の予感が現実味を帯びるようになる(5)」

終末論カルトの信者らによる集団自殺も自己成就予言の生々しい実例だ。彼らは世界がもうすぐ終わると確信して自殺することがあり、少なくとも彼らにとっては予言が現実になる。その意外な例が一九九九年九月にインドネシアで起こった。三つのカルトの指導者が幻滅した信者らによって叩き殺されたのである。信者らは〝9/9/99〟に世界が終わるという予言に備えて財産をすべて売り払っていたのだった(6)。

自己成就予言は悪いことばかりではない。ロバート・マートンの心配性の学生とは逆の例もある。ある学生をとてもできると信じている教師が、好成績を収めることを期待してその学生にもっと歯ごたえのある課題を出す。すると、そうやって伸ばされたおかげでその学生は本当に好成績を収めるのである。

予言の基盤が占い師の夢ということもあり、言うまでもなくそれはほかの誰にも確認できない。私たちは誰でも夢を見るし、夢がとてもリアルに思えることがあるのも知っているが、夢はいつでも謎めいている。今日《こんにち》でも、心理学者は夢の役割をすっかり理解できているわけではない。かつて、夢は超自然的なコミュニケーションであり、これから起こることの幻視という形をとることが多いもの、と見なされていた。そう信じている人は今でもいる。あなたも「予知」夢を見たことがあるかもしれない。旧友と会う夢を見た翌日に本人に会ったとか、飛行機が墜落する夢を見てまもなくそれが本当に起こったとか。自分が暗殺される夢を見たローマ皇帝カリグラと米国大統領エイブラハム・リンカーンの二人は、どちらものちに暗殺された。

予言のほかの形と同様、夢は一般にあいまいさを免れず、解釈するには――それとも解釈を作り上げるにはと言うべきか――技術が要る。この作業にこれまでよく携ってきたのが神官や心理分析家だ。

神々と奇跡

神々については、超自然を取り上げたなかで、予言に盛り込まれる情報の出どころとして触れた。人の営みを見渡し、導き、操る超越した存在とされる神々は、その定義からして自然の制約を受けない。超自然なのだ。最初は偶然の出来事を説明する優れた方法に思えるかもしれない。だが少し考えれば、それどころか役立たずの説明だとわかる。何でもできるというのは強力すぎるのである。どのような出来事も、それがいかに奇妙なことであっても、この説明の魔力からは逃れられない。何が起ころうと「神々がそうした」と言えばいいのだ。たとえば、ベッドから出た私が宙に浮かんで二〇体の分身に分かれたところをあなたが目撃したとしたら、説明に苦労するはずである——しかし神々を持ち出す説明なら簡単に「神々の仕業」で済む。はっきり言って、役に立つ説明であるためには、「これは驚きだ——この説明で合っているだろうか」と言えるような何らかの限界がなくてはならない。さもなければ、誰が何の説明を試みようと時間の無駄だ。

人類史上の多くの文化で、多神教から全能の唯一神信仰への移行が見られている。この移行には、神々が互いに競うシステム（ロキがほかの北欧神に振りまいた数々の問題を思い出してみよう）から競争のないシステムへという別の移行が必然的に伴う。人間の立場からすると、あいまいで偶発的な不測の出来事が起こる可能性は一神教の台頭で失われた。言い換えれば、すべての出来事があらかじめ決まっていることになったのだ。神が大勢いたときは、説明のつかない出来事はどこかの神がほかの神の思惑を台無しにしたせいにできた。だが神は一人だけで、その神がすべてを見渡し支配しているなら、偶然や幸運の入る余地はなさそうである。単一の知性が宇宙をつかさどっていると信じるなら、私たちが出来事を偶然のせいにするのはその原因を知らないからというだけのことだ。ということは、偶然とは根本原因がわからないという問題であって、根本原因そのものの問題ではない。この移行から導かれたのが決定論的宇宙という考えで、その宇宙は唯一神がお膳立てした全体計画の段取りに従って動いている。

ところが、因果関係の連鎖が破れたように見えることがある。そうした出来事が起こると奇跡が起こったと主張する者が出てくる。奇跡とは、神の御業《みわざ》による説明のつかない（一般には歓迎される）出来事、超自然的な出来事のことだ。オカルトや超常現象など、ほかの原因による自然法則からの逸脱と似ているが、神が絡んでいるところが大きな違いで、概してきわめてまれな出来事だと見なされる。そもそもしょっちゅう起こるなら、この宇宙における標準的な背景をもつ現象の一部であってあえて語る価値はない、と思われるだろう。

科学の進歩により、かつて奇跡と思われていた数多くの物事が自然現象として説明されるに至っている。再び食を取り上げると、その背後にある自然の力をまったく理解していない者にとって、食は大いなる奇跡だ。それらしい理由もなく、世界が白昼に突如として暗闇に投げ込まれるのだから。だが、科学はとうの昔に食の背後にある物理を明らかにしているし、もっと独特でよく知られた奇跡、たとえばモーセによる紅海の分離の背後にある物理をも解き明かしている。モーセの海割りは、聖トマス・アクィナスの著書『対異教徒大全』（部分訳に『トマス・アクィナスの心身問題――「対異教徒大全」第2巻より』川添信介訳註、知泉書館がある）で最高レベルの奇跡の例とされているが、自然現象としての説明がいろいろある。強い東風が一晩中吹くと海水が押し戻されて地面が姿を現しうることがコンピューターシミュレーションで明らかになっているし、海底地震が起こると津波が発生してまず引き波が見られるという、二〇〇四年のスマトラ島沖地震のような状況になる可能性もある。

大哲学者のデイヴィッド・ヒュームが奇跡に絡んで言及した、重要なことがらがある。

「いかなる証言も、それをもって確定させんとしている事実よりもその証言が虚偽であることのほうが奇跡的である、という類いのものでない限り、奇跡であることを確定させるに十分ではない[7]」。言い換えると、奇跡の証拠が説得力をもつのは、ほかの説明がそれよりありそうにない場合に限られる――ここで言うほかの説明にはペテンや間違いなども含まれる。

ヒュームはさらにこうも言う。

「死人が生き返ったのを見たという者がいたら、私はただちに、その者が他人をだまそうとしているか他人にだまされているのか、それともその者の言う事実が本当に起こったのか、どちらのほうが蓋然性《がいぜん》が高いかを考える。こうして奇跡と奇跡を比較し、見いだした優劣に従って判断を述べるわけだが、必ずやより奇跡的なほうを却下している」

ヒュームはほかの説明と奇跡らしき物事を比べ、驚きの少ないほうの（「虚偽であることのほうが奇跡的」な）説明を採用した。だが、さしあたってほかの説明がなかったとしても、「説明できないから奇跡に違いない」という戦略は心もとない――見事な手さばきの手品師の技を観たことがある誰もが同意するだろう。手品師が何をどうしているかはともかく、テレビはどうやって映るのか、原発の炉心で何が起こっているのか、なぜソケットは漏電しないのか、なぜ重い飛行機が空から落ちてこないのか、説明しろと言われたら困る人は多いと思うが、説明できないからといってこれらが奇跡でないことについてはほぼ確実に同意するだろう。自分の理解を超えたまったく自然な説明があると考えるに決まっている！　SF作家のアーサー・C・クラークがいみじくも述べたとおり、「十分に発達した科学技術は魔法と見分けがつかない」のだから。

「奇跡」という言葉は、日常会話では本来の意味とは少々違う使い方もされている。私たちは「奇跡のダイエット薬」、「奇跡的な脱出」、「奇跡的な回復」などと口にする。だが本気で奇跡が起こったと思って言っているわけではなく、可能性はかなり低いが現実の範囲内の物事が起こったという意味で使っているにすぎない。

超心理学と超常現象

超自然的な奇跡を信じる人とは違って、テレパシー、予知、念力、超感覚的知覚（ESP）、超心理学、心霊現象を信じる人は、おしなべてこれらが自然法則に基づいていると考えている。だが、それらを説明する自然法則はまだ把握されていない。そのため、こうした信条の研究へのアプローチはたいてい科学的で、現象の検出や測定を試みる実験が伴う。先ほど見たように、奇跡を相手に実験を行なっても意味がない。なにしろ、どこぞの神がその超自然的な手をひと振りすれば、どんな結果でも望みどおりに起こせるのだ。あいにく、科学界の一致した見解として、超常的な能力を支持する説得力のある証拠は存在しない――たとえば、米国科学アカデミーによるある報告書は、「超心理学的現象の存在を巡って一三〇年にわたり行なわれてきた研究をふまえると、科学的な正当性はない」(8)と結論付けている。

一三〇年も！ これは〝何かあってくれれば〟という、過去の経験に勝る期待の力の証と言えよう。

心霊現象の研究ではさまざまな類いの実験が行なわれているが、本当の意味で科学的評価に耐えるのは定量的な結果が得られるものだけである。実験はたいてい、投げたコインの面やサイコロの目に影響を及ぼす試み、あるいは自然状態としてランダムな性質をもつ放射性崩壊のような出来事を基に生成される数の分布を変える試み、などを被験者に念力だけで挑んでもらうという形で行なわれる。

心霊現象の研究者が抱える主な困難の一つが、調べている影響が実在したとしてもきわめて小さいことである。影響が大きければ――たとえば、コイン投げに影響を及ぼして毎回表を出せる人がいれば――その力は明白だ。だが、研究者が見極めようとしているのは、コイン投げで二分の一よりほんの少し大きな――偶然では説明できないと言える程度の――確率で表を出せる人がいるかどうかである。

そのため、研究者は影響の検出に統計的な手法を用いる必要があるうえ、実験はほかのわずかな影響を受けやすい。たとえば、出したい面に意識を集中するだけでコイン投げの結果に影響を及ぼせるものかを調べているとしよう。私たちの前提では、使われるのは公正なコインであり、被験者がコイン投げで影響を及ぼせなければ、コインの表と裏が出る確率は等しい。つまり、被験者に超常現象を引き起こす能力がないなら、所定の回数のコイン投げで、表と裏がほぼ同数出るはずである――まったく同数ではないにしろ、同数から大きくはずれることはまれなはずだ。

単純な確率計算でわかるとおり、公正なコインを一〇〇回投げると、被験者が影響を及ぼせなければ、表が六〇回以上出る確率は0.028である。言い換えると、一〇〇回のコイン投げを何度も行なった場合、六〇回以上表が出るのはそのうちわずか二・八パーセントにすぎない。これはなんとも低い確率なので、コインを一〇〇回投げて六〇回以上表が出れば、被験者には本当に念力があるのではと思うかもしれない。

だが、実験計画にちょっとした不手際があって、コインの表が出る確率が0.50ではなく0.52だったとしよう。この差は小さい。コインがわずかにゆがんでいるのかもしれない。ところが、一回につき表の出る確率が0.52のコインの場合、一〇〇回投げて表が六〇回以上出る確率は0.066、すなわち六・六パーセントとなる。これは二・八パーセントの倍を上回っている。毎回の確率が0.50ではなく0.52と少しばかり違うだけで、被験者に念力があるかもと思わせられそうな結果になる確率が二倍以上になるのだ。

サイコロに詳しいマジシャンのジョン・スカーンは、有名な超心理学者J・B・ラインが一九三〇〜四〇年代にデューク大学で行なった念力の実験に関して、サイコロが「公正」ではなかったと異議を唱えている。ラインの実験において被験者は、機械で投げられたサイコロを相手に念力を使って特定の目を出すよう指示された。ラインはサイコロを「一般的な商品の類い」と説明しているが、スカーンの指摘によれば、そうした「市販のサイコロ」の出来はカジノで使われている精巧な「完璧なサイコロ」とは比べものにならない。米国連邦法はカジノのサイコロに五〇〇〇分の一インチの精度を求めており、そうしたサイコロはモノポリーで使われるサイコロと物が違う。スカーンはこう述べている。「そうした［市販の］サイコロを投げれば、偶然として予期される結果に対して偏差が――一定せずに［サイコロが摩耗するにつれて］移り変わる偏差が――見られるはずである。完全ではないとみずから認めるサイコロを使い、存在を証明できれば科学全体がひっくり返るような謎の心霊PK《サイコキネシス》因子に起因する偏差が見つかったと結論付けるなど、私に言わせればただのニセ科学だ[9]」

あるサイコロ製作者がスカーンの見解に同意している。「きわめてまれに、完璧な部類に入る市販のサイコロが一個見つかることもあるかもしれないが、一箱六〇個入りの中にそんなサイコロが二個入っている確率も、完璧な二個が一人の購入者にペアとして販売される確率もあまりに低く、無視してかまわない。そんなことは起こったためしがない」。この最後の一言はボレルの法則――十分に起こりそうにない出来事は起こりえない――を思い出させる。

実験を巧妙に計画すれば、こうした困難のいくつかは克服できる。たとえばコイン投げなら、同じコインを使って実験をもう一〇〇回繰り返すのだが、今度は被験者に表ではなく裏が出るように念じてもらえばいい。被験者が尋常ならざる回数だけ裏を出せたなら、それはゆがんだコインでは説明できない。使われたコインは表が出やすいのだから。だが、わずかなゆがみや偏りをすべて管理できるという保証はない。同じコインをかなりの回数投げると、縁の摩耗が始まるのかもしれない。被験者が手品師で、何らかの方法で私たちをだましているのかもしれない（この手の研究で知られていないわけではなく、あとで触れる）。ひょっとするとコインの投げ方がもとで、コインの回転数が同じになりやすくなっているのかもしれない。可能性はほかにもいくらでもある。乱す作用は小さいかもしれないが、ほんの小さな変化が結果に大きな影響を及ぼしうることは先ほど見たとおりである。

ホルガー・ボッシュ、フィオナ・シュタインカンプ、エミル・ボラーは、ランダム生成された0と1の並びに念力で物理的な影響を及ぼして偏りを与えようとした三八〇件の研究を精査した[10]。従来の分析と同様、被験者が念じたほうの数字が少しだけ多いことがわかった。0と1の割合の違いはごくわずかだったが、そうした違いがまったくの偶然生じる確率はきわめて低かった。そのため、影響は現実のものに見えた。何かが被験者の念じたほうへ結果を導いていたのである。問題は、この違いの原因が被験者の念力だったのか、それともほかの何か——ゆがんだコインに相当するもの——だったのかだ。

ボッシュらが示唆した原因の可能性の一つに、「発表バイアス」と呼ばれるものがある。これは科学誌の編集者が否定的な結果を報告する実験より肯定的な結果を報告する実験のほうを発表しがち、というきわめて現実的な現象のことである。先ほどのような乱数発生実験の場合、肯定的な結果とは被験者が念じたとおりに0と1の割合が偏ったもの、否定的な結果とは何の違いも見られなかったものだ。発表バイアスは編集サイドの不正や悪意ではなく無意識によるもので、何も起こらなかったことより何か起こったことを発表するほうがはるかに人の気を引きやすいという現実に起因しているのだろう。

発表バイアスで結果を説明できるかもしれないからといって、正真正銘の念力が何の役割も果たしていなかったことの証明にはならない。だが、結果を説明する代案にはなっている。ということは、発表バイアスで結果を説明できない理由を示すことが、常識的ではない説明を提案する側の責務となる――説明はそれ以外の説明のほうがありそうにない場合のみ受け入れたというデイヴィッド・ヒュームの見解を思い出そう。

この議論で満足できないなら、次のことを考えてみてほしい。再びスカーンを引用する。「私はライン博士にいくつか質問がある。博士が認めるところによれば、一連のESP実験において、被験者のスコアが偶然として予期されるスコアを上回らなかった場合、またはそのレベルまで落ちた場合、博士は精神物理学的な能力がなかったり興味を失ったりした被験者による実験は行なう価値がないとして、該当する被験者を排除している……」[11]。スカーンによれば、ラインは理論と一致しない結果を出す人を排除し、一致する結果を出す人だけを残した。ラインが本当にそうしたのなら、あなたは彼が自分の実験からどんな結論を導くと思うだろうか？　この戦略を用いれば、私が必ず6を出せるかのように見せるのは造作ない。6の出なかったサイコロを無視するだけでいいのだから。このバイアスや発表バイアスはどちらも、「選択バイアス」と呼ばれるもっと一般的な現象の特殊ケースだ。選択バイアスがかかっているなら、得られた結果は実は結果全体から特別に選ばれた一部でしかない。

ゆがんだコイン、すり減ったサイコロ、選択バイアス――超心理学や心霊現象の研究の歴史は、往々にして無意識のうちに生じる小さなひずみが忍び込んで結果に疑問を投げかけるという例に事欠かない。そして、トリックが用いられた例も数多く存在する。

一九世紀末から二〇世紀初めにかけて降霊会を催していたイタリアの霊媒エウサピア・パラディーノは、テーブルと自分の身体を両方持ち上げる、楽器に触れずに演奏する、死者と話をする、といったことができるかのように見えた。シャーロック・ホームズの生みの親であるアーサー・コナン・ドイルも、彼女の「能力」は本物だと信じていた。だが科学者が詳しく調べてみると、彼女は食わせ者だった。小物を長い髪につないで持ち上げたり、降霊室の暗がりの中でこっそり足を使って物を操ったりしていたのだ。若いころに奇術師と結婚していたことと関連があるのかもしれない。

近いところでは、ユリ・ゲラーが何百万人もがテレビで観ている前で、彼が念力だと主張するものを使ってスプーンを曲げたり、止まった時計を再び動かしたりして有名になった。だが奇術師ジェイムズ・ランディのような人物が、そうした離れ業をずいぶん初歩的なトリックで再現できることを示すと、ゲラーは自分を霊能者ではなく「エンターテイナー」と呼ぶようになった。

こうした見かけの能力や表出が小事に限られているという事実に、あなたは気づかずにはいられまい。テーブルが宙に浮く、スプーンが曲がる、止まった時計が動きだす！　そんな力があるならもっと人類の利益になるよう使えるのでは、と思った読者もいるだろう。このように、現象が小事に限られていること自体が、疑念を呼ばずにはすまない。さらに、念力があるならその力をカジノのような場所で自分が得するように使いたくなるに違いない――が、そうした施設が繁盛しているということは、サイコロは相変わらず予期される頻度で目を出している。

心霊現象の科学的研究において、実験を行なう科学者が不正行為を働くケースがあることも知られていないわけではない。デューク大学の超心理学研究室でラインの後釜にすわった研究者のウォルター・J・レヴィーとラインの助手だったジェイムズ・D・マクファーランドは、ともにデータを操作したとして非難されている。(12)

実験でペテンに気づくのが難しいことがある。概して科学者は自然が自分を欺こうとしているとは考えず、そのため欺かれたときにそれと見抜く訓練を受けていない。それに対し、手品師は欺くことを専門としており、念力だという主張を調べるうってつけの人材となる。J・B・ラインの被験者の一人だったヒューバート・ピアス・ジュニアは、何百回というカード予測実験で、偶然当たる確率が二〇パーセントのところを三二パーセント前後の割合で言い当てた。ただし、カードを言い当てているところをほかの手品師に見られていると、成功率は確率的に予想されるレベルまで落ちた。一部の超心理学研究者はこの類いの影響について、念力は実験を行なう者の態度の影響を受け、そのため批判的な目で観察されると表れにくくなる、とまで言い出した。信じないなら起こらない、というのである。ここまでくると、〝藁にもすがる〟と形容したくなってくる。

それはともかく、信じる者とそうでない者とのあいだに違いが見られることは確かだ。神経科学者のピーター・ブルガーとキルステン・テイラーは、ESPなどの現象を信じる者はそうでない者よりランダムな並びの中に見られる偶然を意味のあるものと判断しがちであることを明らかにした(13)。また、両者には振る舞いの違いも見られる。たとえば、数字のランダムな並びを作るよう指示された場合、信じる者のほうが数字の連続的な繰り返しを避ける傾向がより強かった。だが、実際の乱数の並びには同じ数字のペアや三つ組みなどがよく出現する。

ゲラーの念力によると思《おぼ》しき業を再現したジェイムズ・ランディは、念力と称するイカサマを暴露することで有名だ。奇術師でもある彼はこの手のトリックに精通している。彼はジェイムズ・ランディ教育財団（JREF）を設立し、超常現象だという主張を調査している(14)。同財団のウェブサイトからの抜粋を紹介しよう。

JREFでは、何らかの超常的、超自然的、または神秘的な力または事象の証拠を適切な監視環境下で提示できる者に対し、一〇〇万ドルの賞金を用意している。JREF自体は、実験計画の支援および検証の実施条件の承認を除き、検証手続きに関与しない。あらゆる検証は応募者の参加および承認のうえで計画される。ほとんどの場合、応募者にはその主張に関する比較的簡単な予備テストの実施が求められ、それが成功したら続いて正式なテストとなる。予備テストは通常、JREFの関係者によって応募者の居住地において実施される。「応募者」は、予備テストの成功をもって「申請者」となる。

本書の執筆時点で予備テストに合格した者はいない。

シンクロニシティー、形態共鳴、ほか

迷信、予言、神々、奇跡、心霊現象、そして超常的な力は、ポールがワイングラスの中に落ちるといったありえない出来事に関して提唱されてきた説明のごく一部でしかなく、ほかにもいろいろ唱えられている。心理分析家のカール・ユングは、偶然の一致は偶然で説明できるよりも頻繁に発生していると感じ、やがて「シンクロニシティー（共時性）」という説を考えるに至った。彼によれば、シンクロニシティーとは「説明原理として因果関係と同等の仮説的因子」だ。そしてこう説く。因果関係には必然的に力ないしエネルギーが絡む。ESPがなんら影響を受けない距離というものによって、物理的な力は減衰し、エネルギー伝達には時間がかかることから、心霊現象は因果関係では説明がつかない。それは「原因と結果の問題ではありえず、時間的な一致、ある種の同時性の問題なのである」[15]。この考えが普通の物理現象の範疇を外れていることから、彼は新しい呼び名の必要性を感じ、「シンクロニシティー」という言葉を選んだ。そしてこう続ける。「よって、私がシンクロニシティーという一般概念を用いるのは、同じか似たような意味合いをもつが因果関係のない二つ以上の

出来事の時間的な偶然の一致という特別な意味においてであり、二つの出来事が同時に起こっただけの〝並時性〟とは違う」[16]

だがユングは心理分析家であって統計学者ではなかった。彼は現象を定量的に評価することには興味がなく、偶然のような当てにならないことについてはなおさらだった。そのうえ、彼が挙げたシンクロニシティーの例やその正当化からは主観的じみているどころではない雰囲気が感じられる。一例を挙げよう。ユングはこう述べている。

ある五〇代男性患者の妻がかつて会話のおりに、彼女の母親と祖母が亡くなったときに霊安室の窓の外に鳥が群がったという話をした。同じようなことはほかの人からも聞いたことがあった。男性患者の治療が終わりに近づき、神経症が解消されていたころ、一見とりたてて害のなさそうな症状が見られたのだが、それが私には心臓病の症状に思えた。そこで専門医のもとへやったのだが、医師は診断後に心配すべきところは見当たらないと書面で伝えてきた。この診察から（診断書をポケットに入れて）帰る途中、男性患者が通りで倒れた。そして危篤状態で自宅に運び込まれたのだが、妻はその前から大きな不安に襲われていた。その理由は、夫が診てもらいに出かけてすぐ、母屋に鳥が群れをなして降り立ったことだった。妻は身内が亡くなったときに似たようなことが起こったのをもちろん覚えており、最悪の事態を恐れていたのだった。[17]

ここで一歩引いて考えてみよう。鳥が窓の外に群がったのは、「霊安室」が暖かく、鳥は暖かい場所に集まるものだからかもしれない。さらに、こうした鳥の群れがどれくらい頻繁に屋根に、とりわけあの家の屋根に降り立つものか、評価するすべがない。

ユングは続いて話をさらに飛躍させる。「身内の死と鳥の群れは比べようがなさそうに見える。だが、バビロニア人の考えた冥界で魂は〝羽衣〟をまとっており、古代エジプトで〝バー〟すなわち魂は鳥だと考えられていたことを思うと、何らかの元型的な象徴化が起こっていたと想像してもあながちこじつけではなかろう」。あながちこじつけではない？　そうかもしれない――だが、どの古代宗教からどのような類いの象徴や前兆を引っ張ってきても大ざっぱに一致しそうな特徴が見つかるというほうが考えやすい。

偶然の一致がもつ興味をそそる性質を思えば驚くに値しないかもしれないが、ユングは物理法則の枠を超えた説明を考え出す必要性を感じた。この衝動に駆られた者はほかにも大勢いた。オーストリアの生物学者パウル・カンメラー[18]は、「連続の法則」と彼が呼ぶものを考案して同名の著書で説明している。カンメラーは偶然の一致と思わしき事例を何百と集めて見比べ、さまざまな種類に分類した。そして、彼いわくこれらの偶然の一致を説明する、三つの原理に基づく説を展開した。その一つめは彼が「永続性」と呼ぶもので、物理学でいう慣性に対応するものを表している。それは物事が続くほど大きくなり、系が細分化されても断片はその特質を保持する。そして将来的にそのうち二つが出会うことがあれば、説明のつかない偶然の一致が起こったように端《はた》からは見える。そして、二つめの「模造性」は系が平衡あるいは共鳴に達する仕組みを、三つめの「誘引性」は類は友を呼ぶ傾向をそれぞれ説明する。

カンメラーの考えと似たところがあるのが生物学者ルパート・シェルドレイクの考えだ。シェルドレイクは近年、彼が「形態共鳴」[19]と呼ぶ説を作りあげた。それによると、ある場所で何かしらの出来事が起こると、別の場所で同じような出来事が起こる可能性が高まる。なぜなら、（彼が言うには）「形態（形成）場」という天然の場《フィールド》が存在し、それが出来事や構造を組織化しているからだ。彼は例として、異なる場所にいる鳥が、牛乳びんにふたをする銀紙をつついて穴を開けるという行動を、地理的に離れていて互いに真似することが不可能なはずなのに同時に学習すること、あるいはアメリカにいるラットが迷路の進み方を学習すると、イギリスにいるラットが同じ芸をマスターするのが格段に速くなること、などを挙げている。

シンクロニシティー、連続の法則、形態共鳴のような考えは、驚きの現象を説明するために発案されたものである。これらは、因果関係について私たちの理解に存在しているように思われる無知を克服しようという試みだ。私たちに核心となる考えや重要な情報が欠けているというこの見方は、一九世紀までの科学の基盤でもある。

一七世紀から二〇世紀初頭までのあいだに、科学者は自然の仕組みの理解において長足の進歩を遂げた。多様な法則を確立し、宇宙空間での惑星の運行、電荷や電流の流れ、気体の膨張と収縮、虹の色など、数々の物理現象を説明した。こうした理解を基に予測する能力が得られ、自然を操る新たな技術が開発された。

こうした科学法則は決定論的で（具体的には数式である）、自然の物体がどのように振舞うかを教えてくれた。物理的な系の初期状態がわかれば、ニュートンの法則、気体に関する法則、マックスウェルの方程式などから、時間が経つにつれて状態がどう変わり、やがて系がどうなるかがわかった。科学によれば、少なくとも原理上は、宇宙に不確かなことや予測できない物事は何もなかった。そして、これらの法則を土台とする技術が大成功し、法則がおおむね正しいことを見せつけた。

偉大な数学者ピエール・シモン・ラプラスは、この自然法則観の背後にある基本的な前提条件について次のように述べている。「ある知性が、与えられた時点において、自然を動かしているすべての力と自然を構成しているすべての存在物の各々の状況を知っているとし、さらにこれらの与えられた情報を分析する能力をもっているとしたならば、この知性は、同一の方程式のもとに宇宙のなかの最も大きな物体の運動も、また最も軽い原子の運動をも包摂せしめるであろう。この知性にとって不確かなものは何一つ存在しないであろうし、その目には未来も過去と同様に現存することであろう」[20]（『確率の哲学的試論』内井惣七訳、岩波書店

より引用）

この自然観は「時計仕掛けの宇宙」と呼ばれることがある。そこで述べられている宇宙ははっきりした道筋を時々刻々進んでいくからだ。予測できない物事――稲妻など――はどれも原理上は予測不可能ではない。予測できないのは、その周囲の状況かプロセスの進行に関して無知だからにすぎない。そして、こうした無知は科学が進歩するにつれて徐々に解消していく、というわけである。

ところが、この自然観のあちこちに小さなすき間ができ始めた。そして二〇世紀を通して少しずつ、そのすき間が大きくなって割れ目になった。宇宙は決定論的ではまったくなく、その根底にランダムさと偶然がありそうに思えてきた。

ランダムさや偶然や確率は、私が1章で紹介したきわめて起こりそうにない出来事のような偶然の一致の根底にもある。びっくり仰天でまったく予測不可能に見えて、実はこうした出来事は起こってしかるべきなのである。それを説明するのに謎は要らない――迷信も、奇跡も、神々も、超自然的な介入や念動も、シンクロニシティーも、連続の法則も、形態共鳴も、いかなる架空の小悪魔も要らない。必要なのは確率の基本法則だけだ。

次章でその基本法則を見ていくが、ありえなさの原理の土台をなしているのがそれらである。

3章　偶然とは何か？

人生とは偶然である。

――デール・カーネギー

一九八六年、九人が犠牲となったイギリスのイーストヨークシャー州ロッキントンでの列車衝突事故で、ビル・ショーは命拾いをした。こうした事故はメディアの注目を大いに集めるが、幸いきわめてまれである。イギリスにおける二〇〇一年の死者数は一〇億旅客マイル当たり〇・一人で、鉄道という移動手段が実に安全であることがわかる。きわめてまれなので、夫婦そろってそれぞれ異なる列車衝突事故に巻き込まれる確率はかなり低いはずだ。にもかかわらず、まさにそれがショー夫妻に起こったことだった。一五年後、ノースヨークシャー州セルビー近郊のグレートヘックで、ビルの妻ジニーが夫に続いてやはり大きな列車衝突事故に遭い、命拾いをした。この事故では一〇人が犠牲になった。どちらの事故も原因は線路に乗り上げた車だった。「妻から聞かされていることが信じられませんでした」と語るビルは、朝の七時に妻からの電話で起こされたときのことをこう振り返る。「まるで誰かが私たち（訳注　先の事故に遭ったのはビルと二人の子供）の身に起こったことを妻に経験させたがっているかのようでした。……薄気味悪いことに、今回も原因は線路を渡っていたバンでした。ジニーもまったく同じ状況に立たされたのです。とんでもない偶然の一致で、まったく信じられません……何かとても奇妙な理由で、うちは一家そろって悪い時に悪い場所にいたようです」

ショー一家のような不運な偶然の一致を経験すれば、誰でもおのずと説明を、結び付ける要因を探したくなるものだ。この偶然の一致、あるいは偶然の一致全般には、起こる理由の理解に役立つ何かがあるものだろうか？

「偶然の一致」にはさまざまな定義がある。統計学者のパーシ・ダイアコニスとフレデリック・モステラーは「因果関係はなさそうだが意味をもって関連していると認められる複数の出来事の、驚くべき同時発生」(1)と定義している。手元の『コンサイス オックスフォード辞典』の定義は、「因果関係のなさそうな複数の出来事または状況の、特筆すべき同時発生」だ。ウィキペディアの英語版の定義はもう少し詳しく、「何が原因でどのような結果が生じうるかに関して、目撃者が理解する限りでは因果関係があるとは、または一つの原因から複数の結果が生じるという関係性があるとは考えられない、時間、空間、形態、その他の点で密接な関連をもった二つ以上の事象または状況の集まり」とされている。

一つめの定義からは、驚きの要素が必要だとわかる。私は読書中、ある章をちょうど読み終えたときに雨が降りだしたというくらいでは、はっとして「おお、なんという偶然」などと口走ったりしない。それだけでなく、驚きの要素に加えて複数の出来事が絡んでいることが必要とされている。珍しい出来事が単発で起こるのと、二つ以上が時間的にあいだを置かずに起こるのとでは、話が違うというわけだ。私の椅子の脚が壊れたちょうどそのとき雷が鳴ったら、私はこれは単なる偶然なのだろうかと思うかもしれない。二〇一三年に大勢の注意を惹いた偶然だが、ベネディクト一六世が退位を発表してわずか数時間後、ローマのサンピエトロ大聖堂のバシリカに雷が落ちた。

一つめの定義によればさらに、出来事どうしにはっきりした因果関係がないのに、いかにも関連がありそうに見えなくてはならない。二つのまったく接点のない出来事は、それぞれがいかに驚くべきものであっても、つながりがなさそうなら話題にならない。あなたがカジノにいたとき、夜の九時にルーレットでボールが7のポケットに落ち、その三日後、職場からの帰宅途中でタクシーから降りた拍子に靴のかかとが壊れたとしても、この二つのあいだにあなたは何の関連も見いださないだろう。関連がなければならない理由はない。誰の身の回りでも数え切れないほどの出来事が絶えず起こっているのだから――人生はとにかく出来事の連続だ――、偶然の一致だとするには何かが特定の出来事をいくつか選び出して意味のあるやり方で結び付ける必要がある。結び付きが時間的なもの――私の椅子の脚と雷鳴のように――というのはいいが、因果関係が自明ではいけない。あなたがカジノで7が出たときに地団駄を踏んでかかとを壊しても、それをあなたは偶然の一致とはまず思わないだろう。単純な因果関係で説明がつくのだから。二〇〇一年九月一一日、米国国家偵察局は、故障した私有のジェット機が本部に墜落した場合を想定したシミュレーションを実施することにしていた。同局の本部は、首都ワシントンのダレス国際空港から六キロ強ほどのバージニア州シャンティリーにある。当日の午前八時一〇分という、シミュレーション開始予定時刻の一時間ほど前、アメリカン航空七七便がダレスを飛び立った。そして離陸から一時間半後、ハイジャック犯はその飛行機でペンタゴンに突っ込んだ。実際に起こったことと予定されていたシミュレーションの内容は意味のある関係がないとは思えないほど似ているが、因果関係はない。(2)

ここまで見てきたように、出来事の驚くような同時発生に対しては数え切れないほどの説明が考え出されてきた。その多くが、おなじみの自然界の範疇にはない力や原因を持ち出している。一言で言えば超自然だと言うのである。ありえなさの原理はそれらとは違い、超自然ではなく科学に基づく説明を提示する。すべては私たちにとって「確からしい」とはどういう意味かに関わっている。

「確からしい」とはいったいどういう意味か?

確率という概念が辿ってきた道のりは長く多難で、途上、物議を醸すことさえあった。一九五四年というわりと最近でも、統計学の中でも主導的な学派の一つを率いたレナード・ジミー・サヴェッジがこんなことを言っている。「確率とは何かという点については……バベルの塔の時代以来、これほど徹底した見解の不一致やコミュニケーションの断絶が見られたテーマはまずなかった」(3)。幸い、その後状況は少しばかり改善され、科学者と統計学者は今では確率にもいろいろあることを認識しているが、誰もが引き続き確率という言葉を使っており、混乱の余地がたっぷりある。専門的な議論では「確率」の前に形容的な修飾語を付けて(「偶然確率」、「主観確率」、「論理確率」など)、自分の用法をもっと厳密に示す。こうした各種の確率についてはあとで触れる。

「確率」という言葉の長い歴史とその重要性、そしてこの言葉をいまだに取り巻く混乱を映しだすがごとく、確率ときわめて密接な関連をもつ概念を表す言葉がたくさん存在する。「オッズ」、「不確かさ」、「ランダムさ」、「偶然」、「運」、「幸運」、「運命」、「まぐれ」、「リスク」、「賭け」、「尤度《ゆうど》」、「予測不能性」、「傾向」、「意外性」といったものだ。同じような発想の別の概念には「疑い」、「信頼性」、「確信」、「もっともらしさ」、「可能性」などがあるほか、「無知」や「カオス」もそうである。

英語の probable(確からしい)は approve(承認する)、provable(証明できる)、approbation(認可)とラテン語の語根が同じで(〝検証〟や〝証明〟を意味する probare から来ている)、初期の用例ではこういった意味だった。だからエドワード・ギボンは著書『ローマ帝国衰亡史』(中野好夫訳、ちくま学芸文庫など)の注釈で、「ルフィヌスによれば食料の即時補給は条約に明文化されており、テオドレトスはこの義務はペルシャ人によって滞《とどこお》りなく果たされたと請け合っている。かかる申し立てが権威によって承認されている、（probable）が、疑いの余地なく誤りだ[4]」と書けたのだ。この例は、この単語の意味がギボンの時代（一八世紀）から変わったことも示している。今では本当らしいという方向性の意味になっており、「疑いの余地なく誤り」とは正反対だ。

アントワーヌ・アルノーとピエール・ニコルによる一六六二年の著書『論理学、あるいは思考の技法[5]』（単に『論理学』、あるいはヤンセン主義者の牙城たる修道院、ポール・ロワイヤルにちなんで『ポール・ロワイヤル論理学』とも）には、「蓋然説（probabilism）」という原理に対する批判が記されている。蓋然説は、どのような場合に案件の判断を権威に仰ぐべきかに関わる考え方だ。また、同書ではprobability（確率）という単語が現代的な意味で初めて使われている。この一冊をひもとくだけで、権威に由来する真理という中世的な概念から、証拠に基づく真理という科学的な考え方へ、という移行が見て取れるのである。

ある事象の確率とは「その事象が起こりそうな度合い」である、と定義できるかもしれない。あるいは「その事象が起こりそうだと思う確信の強さ」とも。どちらも不確かさという概念を表現しており、きわめてありがちな物事は起こりそうで、ありそうにない物事は起こりそうにない、という意味を伝えている。そして、これらには「度合い」や「強さ」といった言葉が含まれていることから、確率は測れるものであること、少なくとも数値として表せることをにおわせている。だがこの二つの定義は見かけ倒しだ。何も言っていないに等しいからである。もっと掘り下げる必要がありそうだ。

何事も数値で表す場合には表し方にいくらか自由度がある（私は自分の身長をインチでもセンチメートルでも言える）。こうしたあいまいさを排除するため、科学者は確率を0〜1の値をとるものと定義している。0という確率値はありえない物事に該当する。〝ありえない〟より起こりそうにない物事はなく、よって0より小さい確率値は生じえない。同じように、1という確率値は確実な物事に該当する。〝確実〟より起こりそうな物事はなく、よって1より大きい確率値は生じえない。さて、確実な物事はそれはそれで結構なのだが、さほど面白みはない。あとは備えるだけだ！　ありえない物事についても同じことで、それが起こらない世界に備えるだけである。本当に興味深いのは不確かさという要素がある物事だ（少なくとも本書の目的にとっては）。それは起こるかもしれず、起こらないかもしれず、確かなことはわからない。起こるかどうかわからない物事の確率値は0と1のあいだのどこかになる。値が小さいほど起こりそうになく、1に近いほど起こりそうということだ。本書で取り上げるのは、きわめて起こりそうになく、確率値がほとんど0なのだが、完全に0ではない、という物事である。ここまでありそうにない物事ともなると、可能と不可能の境界をさまよっている。これぞ本当に興味深い物事である。

確率を数値として表すなら「オッズ」を使うという手もある。オッズはギャンブル、スポーツ、金融で広く使われている用語だが、確率を表す別の方法にすぎない。実はオッズの定義にもいくつかあるのだが、最も単純なのは確率の比である。私がいつもの電車に乗り遅れることのオッズとは、私が乗り遅れるであろう確率を乗り遅れないであろう確率で割ったもの、あなたがホームランを打つことのオッズは、あなたが打つであろう確率を打たないであろう確率で割ったものである。ある事柄が起こりえない（確率0）なら、そうなることのオッズも0だ。確実に起こる（確率1）なら、そうならないことのオッズは無限大になる（1割る0なので）。何かをオッズで示すことができるなら、確率の形でも表せるのである。科学者はオッズではなく確率を用いることが多いが、一部の医療現場ではオッズがよく使われている。

英語では「確率」の意味で probability の代わりに chance もよく使われる。英語の専門用語としてはどちらも同じ意味だが、chance はあまりかしこまっていない場面で使われることが多く、数値が関連付けられることはほとんどない。日常会話で「the chance of it raining（雨になる確率）」などと言うときに chance が使われる。

「運」とは、良い結果または悪い結果という意味合いが載った確率だ。運が悪いとされるのは、起こりそうにないと思われていた不都合な出来事が起こったときである。自動車事故に巻き込まれたとか、にわか雨が降っていたときだけ屋外にいたとか、雷に打たれたとか。交通量の多い片側六車線の幹線道路をダッシュで突っ切ろうとした人が車にはねられても、運が悪いとは言われないだろうが、人気《ひとけ》がなく閑散とした村で車にはねられたら運が悪いと言われるかもしれない。運がいいとされるのは、起こりそうにない出来事が起こって幸運（good fortune）がもたらされた場合である。fortune も確率と密接な関連のある言葉だ。世の中には運よく（fortunately）賞に当たる人もいれば、運悪く（unfortunately）悪い時に悪い場所に居合わせる人もいる。いずれも「運命」や「宿命」との結び付きが強い。これらには、私たちにはどうすることもできない力に操られているという含みがある。さらに、2章で紹介した概念のいくつかにも触れよう。

「リスク」は、「運」と同様、物事が起こる確率とその結果の値または有用性を混ぜ合わせたものだ。だが、車にはねられるリスク、食中毒になるリスクなど、悪い結果絡みに限られている。試験に合格するリスク、宝くじに当たるリスク、などとは普通は言わない。

「ランダムさ」という概念も密接な関連がある。まぎらわしいことに、この言葉は分野によって若干違いはあるが重複する意味を表している。統計学において数字の並びがランダムであるとは、そのあと続く数字を予測できないことを指すのに対し、アルゴリズム情報理論においては、それ以上簡潔に記述できないことを指す。たとえば、まったく同じ数字が並ぶ33333333333333333333はきわめて非ランダムとされるが、それはもっと簡潔に記述するのが簡単だからで（「3が二〇個」など）、それに比べると、37686332408651378654のような並びはまとめるのが難しい。

ランダムさと結び付きがあるということで、「カオス」にも触れたい。カオス的な系によって生成される数字の並びは、初期値とその後の成り行きに関して完全な知識があれば予測できる。あいにく、私たちは初期値に関する完全な知識——精度は小数点以下無限桁——を決してもちえない。カオス理論の創始者の一人であるエドワード・ローレンツは、それをエレガントにこう表現している。「カオス：現在が未来を決めるが、おおよその現在が未来をおおよそ決めることはない」[6]。残念ながら、私たちにはいつでも現在に関しておおよその知識しかない。このことについては本章の最後に立ち戻る。

確率やその隣接概念を記述する単語がこれほど多いのも偶然(!)ではなかろう。不確かであることと予測不可能であることは、人間の存在という謎の、あるいは宇宙を理解しようという私たちの試みの、核心をなすものだ。この二つは運命予定説や自由意志の概念と密接につながっている。偶然の結果は、その定義からしてあらかじめ決まっていることはありえない。ランダムさと予測可能性は互いに排他的だ。一方を手にしているなら、もう一方はない。そして、人間という存在の理解の核心にあるほかの基本概念と同様、確率とその関連概念にも人格化されているものが多く、英語には lady luck や dame fortune (運命の女神)、tempting fate (人を誘惑する運命) といった言い回しがある。

偶然はどこから来るのか?

2章で見たとおり、予言や占いを目的として偶然の結果を生み出すのに身の回りの品——紅茶の葉やノコギリソウの茎——が使われることがある。ゲームでは偶然の結果を作りだすのに人工物も用いられてきており、現代の例にはサイコロ、ルーレットのホイール、抽選機などがある。抽選機はものによってはなんとも凝っており、数字の書かれた球が一個ずつ出てくる回転式ドラムや、ボールが扇風機でてっぺんの穴から一個ずつ空中に噴き出される縦形円筒など、多種多様だ。普通、ドラムや円筒は透明で、興奮と期待感をかき立てる。ランダム化装置には――占い用もギャンブル用も――何千年という歴史がある。

知られている初期のランダム化装置の一つが距骨《きょこつ》――脚の速い動物のくるぶしまたはかかとの骨――だ。古代エジプトの墓に描かれた絵を見るとはっきりわかるが、これはサイコロのようなものとして偶然に左右されるゲームで使われていた。ところが、各面が出る頻度をまとめた当時の集計表がほとんど存在しない。これは由々しきことだ。なぜなら、集計表は確率を定量化すること――各面が出る確率に関する数字を書き出すこと――にとって重要だからである。ほかに類を見ない中世の詩『デ・ウェトゥラ（老婆の物語）』（一二二〇〜一二五〇年の作）にはサイコロ三個の集計表がうたわれているが、この考え方が広まったのは一七世紀のことだった。ガリレオが一六二〇年前後にサイコロ三個の出目について検証しており、続いて同じ世紀の中ほどに確率的な考え方への理解が突如として花開いた。

〝偶然の出来事は予測不可能でも、ある種の規則性がもっと高いレベルに存在するかもしれない〟と考えるためには知性の著しい飛躍を要する。一回一回のコイン投げで表と裏のどちらが出るかはまったくわからないが、一〇〇〇回投げたうちの五〇〇回ほどは表になる、という認識は大きな概念的前進だ。これは〝重力とは物体間に働く普遍的な力の一つ〟という概念を導いた知的飛躍に匹敵する。

この知的前進がいかにとてつもないものであったかの証とも言えそうだが、偶然起こる物事の性質をなかなか理解できない人がこの現代にも大勢いる。たとえば、(公正な!)コインを投げると二回に一回ほど表が出るとわかっているのに、最初の一〇回で表が多く出ると、かなりの人が次の一〇回で裏が多く出て相殺されると予想する。だがそうはならない。この誤解は非常に幅広く見られ、「ギャンブラーの錯誤」という呼び名まで頂戴している。

実際はどうなるかというと、次の一〇回でも表と裏の出る確率はほぼ同じと見込まれるので、当初はっきりしていた差が徐々に目立たなくなり、全体としての表の割合は二分の一に近づいていく。たとえば、最初の一〇回のうち八回が表、すなわち割合にして0.8だったからといって、次の一〇回で表が二回しか出ずに相殺される、などと見込んではいけない。むしろ、次の一〇回もどの一〇回とも変わらず、表は五回前後と見込むべきなのである。五回より多いかもしれないし、少ないかもしれないが、最も出やすいのは五回前後という結果であり、そこからかけ離れた結果ほど起こりにくい。この二〇回のコイン投げについて言えば、表は8+5=13回出ると予想すべきなのである。二〇回のうち一三回というのは割合にして0.65で、これは最初の一〇回で見られた0.8よりは予想される0.5に近い。初め表が多かったことに対しては、次の一〇回で裏が多めに出て埋め合わされるのではなく、コインを投げた回数の合計が大きくなるにつれて影響が薄まるのである。

そんなのは直感に反している、ギャンブラーの錯誤のほうがそれらしい、と思えたとしても、それはまったく珍しいことではない。確率はほかのどれより直感に反する性質をもつ数学分野として知られている。著名な数学者が足をすくわれているほどだ。ここで私たちにとって重要なのは、個々の事象を予測できないことから事象の集合について予測できることへという一歩である。公認馬券取扱業者《ブックメーカー》は勝ち馬を確実には当てられないかもしれないが、長期間にわたって平均すれば当たりのほうがはずれより多い（〝自転車に乗るブックメーカーはついぞ見かけない〟と巷でささやかれるゆえんである）。

偶然の定量化を試みるという考え方は、一七世紀になるまで文字どおり想像もできないことだったに違いない。偶然の出来事は本質的に予測できないものと見なされていたからだ。立方体のサイコロで六つある目のどれが出てもおかしくないなら、どれが出るかを言い当てられるわけもなく、話はそれで終わる。この考え方を強化したのが、距骨やローマのサイコロのような初期のランダム化装置の質が安定していたとは限らなかったという事実だ。サイコロが違えば6の目が出る確率がわずかに違う、というように。[7]

偶然を定量化できるという考えは、宇宙は本質的に決定論的だという見方と同時期に現れており、この事実は注目に値する。アイザック・ニュートン、ロバート・フック、ロバート・ボイル、ゴットフリート・ライプニッツ、クリスティアーン・ホイヘンスなどが科学の土台を築いたのと同じころに出てきたのである。前章では、彼らの見解は時計仕掛けの宇宙であると、すなわち因果関係を明確に定義した物理法則に従ってあらかじめ定められた道筋を時々刻々進んでいく宇宙だと説明した。問題は、ランダムさの存在と決定論的宇宙観が相容れなさそうなこと、片方がもう片方のアンチテーゼになっていそうなことだ。あるいは、決定論的科学の進歩が無知に起因する不確かさを徐々に侵食していることをふまえて、片方がもう片方を補っていると表現したほうがいいかもしれない。この見方からすると、双方が歩調を合わせていても驚きはないかもしれない。さらに言えば、物理法則の解明に臨む態度が、偶然の出来事の追求に対して、同じような定量的アプローチを促したのだろう。そして、自然界の物理法則を理解しようとすることが冒瀆と見なされなくなると、偶然による物事を詳しく調べて起こりそうな結果を予測することも、結果は神意の現れとされていながら冒瀆ではなくなったのだろう。

一七世紀半ば過ぎという時期は、確率に関する理解の転換点になっている。確率を取り上げた最初の書物が出版されたのがこのころで、その動機は往々にして賭け事だった。クリスティアーン・ホイヘンスの『運任せの遊戯における推論について』が一六五七年に出版されており、またジェローラモ・カルダーノの『運任せの遊戯の書』が一六六三年に刊行されている（ただし、書かれたのは一五六三年かそれ以前だった）。二人とも確率に関する業績のほかに、ホイヘンスは天文学と物理学に貢献したことでも（彼は「オランダのニュートン」と呼ばれることもある）、カルダーノは代数学、流体力学、機械工学、地質学において重要な進歩をもたらしたことでも知られており、決定論的理論の発展と偶然に関する理解が手に手を取って進んでいたことがうかがえる。一六七一年、オランダの政治家で数学者だったヤン・デ・ウィットは『償還債券と比較した終身年金の価額』を発表し、年金の計算方法を説明している。ここで言う価額は、死ぬまで定期収入を得ることと引き換えに買い手が支払う総額のことだ。計算は毎年の死亡率に左右される。

偶然の理解の歴史におけるある重要な一幕、いわゆる「分配問題」では、ゲームを途中でやめたときに賭け金をどう分けるかが扱われている。この問題は、ピエール・ド・フェルマーとブレーズ・パスカルのあいだで一六五四年にやりとりされた書簡のなかでようやく解決を見たのだが、一三八〇年というずいぶん前にこの問題を記述したイタリアの文書[8]が存在しているほか、一四九四年にルカ・パチョーリが書いた書物[9]で、また一六世紀に（再び登場のジェローラモ・カルダーノによって）、そして一五五八年に[10]（ジョバンニ・ペベローネによって）も持ち出されている。フェルマーとパスカルがこのやりとりを始めたのは、ルイ一四世の廷臣だったメレの騎士《シュヴァリエ・ド・メレ》ことアントワーヌ・ゴンボーと、ある教養の高い男（ただし、一般的には単なる「ギャンブラー」で片付けられている）が、問題の骨子をパスカルに説明したのがきっかけだった。あるゲームにおいて、途中でやめた時点での各プレーヤーの得点と、そこからゲームを最後までやって勝つために必要な得点とがわかっている。さて、各プレーヤーがそこから勝つ確率はいくらか？　それがわかれば、その確率に従って賭け金を分配でき、決着がついていなくても丸く収まる。各プレーヤーが得点を得る確率が等しいなら、そのまま続けた場合に相手が勝つより前に自分が必要な得点をあげて勝つ確率を計算できる。それが各人の勝つ確率である。

基本的な結果が等確率で出ると想定できるなら（コインの表と裏の出る確率は同じ、サイコロの各面の出る確率はどれも六分の一、など）、もっと込み入った確率（三枚のコインでどれも表が出る、二個のサイコロの目がどちらも6、など）の計算は難しくない。だが、そうではなく、各結果が起こる確率が同じだと想定できない場合、さらには「基本的な結果」とは何かを明らかにすることさえ大変な場合ともなると、計算ははるかに難しくなる。たとえば、あした家を出るとき滑って転ぶ確率に、あなたなら〝結果が等確率〟という概念をどう当てはめるだろうか。『ポール・ロワイヤル論理学』には、こうしたあまり単純明快ではない状況における確率の数的な測定について初めていくらか言及されている。

偶然や確率の理解に関する種《たね》から一七世紀に芽生えた木は大木に育ち始めた。ヤコブ・ベルヌーイの『推測法』が一七一三年に、アブラーム・ド・モアブルの『偶然論』が一七一八年にそれぞれ出版されると、この分野に対する理解がどんどん深まった。

だが、〝運任せの遊戯〟だけが原動力だったわけではない。偉大な数学者ライプニッツが数値確率を法律問題に応用することを提案したのも、やはり一七世紀だった。これは文句なしに妥当なことに思える。なにしろ、「合理的な疑いの余地なく」だの「蓋然性の均衡」だのといった文言は判決文の要《かなめ》だ。あいにく、法曹界の現状は、一七世紀に始まった確率の理解に関する革命がいまだに完了していないことをあらわにしており、今もなお、確率の正式な計算法がようやく法廷に少しずつ導入されつつあるという段階にある。そう遠くない過去における態度をよく伝えているのが、統計学者と法律家が議論したおりにイギリスの有名な法律家サー・デイヴィッド・ネプレイによりなされた発言だ。「この場で述べられた事柄の大半が私には難解きわまりないものです。ほとんどの内容がさっぱりわかりませんでした。また、平均的な法律家はコンピューターで数字を扱うことさえままならないことにもどうかご留意ください。われわれは自分がまるで理解できない分野のことを論じているのです」[11]。あなたはどう思うかわからないが、私に言わせればなんとも心もとない！（ちなみに私の知る限り、この点ではイギリスよりアメリカの法廷のほうが進んでいる）

ここまで見てきたように、思索家が確率の概念を定式化するのにギャンブルや法律で偶然が果たす役割を考えることが役立ったわけだが、影響はほかにもさまざまな分野に波及した。先ほど登場したブレーズ・パスカルは、神の存在に関連した「パスカルの賭け」でも有名である。彼は死後の一六七〇年に出版された『パンセ』で、永遠の幸福には無限の価値があるので、合理的な選択は信心深い人生を追求することだと述べている。そして、信心深い人生を送ることで永遠の幸福がもたらされる確率がどれほど低かろうと、わずかな確率に無限の見返りを掛ければ無限となる、と続けている。「もし神があるとすれば、神は無限に不可解である。なぜなら、神には部分も限界もないので、われわれと何の関係も持たないからである。したがって、われわれは、神が何であるかも、神が存在するかどうかも知ることができない……だが賭けなければならないのだ。それは任意的なものではない。君はもう船に乗り込んでしまっているのだ。では君はどちらを取るかね……神があるというほうを表にとって、損得を計ってみよう。次の二つの場合を見積もってみよう。君が勝てば、君は全部もうける。もし君が負けても、何も損しない。それだから、ためらわずに、神があると賭けたまえ」（『パンセI』前田陽一、由木康訳、中央公論新社より引用）。以来、パスカルの賭けは哲学者によって議論されてきた。確率とさまざまな成り行きを掛け算によって組み合わせるという戦略は、最適な選択への数学的アプローチの一つである現代の「決定理論」の根底にもある。

偶然と確率を理解するもう一つのきっかけとなったのが、身近な商業世界を理解するという差し迫った必要性だった。一七世紀、一八世紀、一九世紀と続いた世界貿易の増加により、国も民間も難破のような予期せぬ災難への対策を考えざるをえなかった。こうした事故は保険で対応できるが、それは不運な出来事がどれほど起こりそうかを定量化する何らかの方法があってこその話だ。その一つとして、膨大な数の過去の航海を振り返り、災難に遭った割合を確かめるという手がある。コイン投げで表が出る割合は回数が多くなるほど一定してくるが、不運な出来事の背後にも同じようなある種の一定性があるとわかれば、向こう一年の全航海でどれほどの船が無事に目的地に着くかを見積もれることになる。この考え方が保険数理計算の土台となった。保険や年金という概念は偶然に関する数学が正式に理解される前――なんとローマ時代にまでさかのぼる――から発展していたが、料率の設定はそれまで科学というより熟練の技だった。

確率的な考え方への理解が最初に花開いてから二世紀後、のちにイギリス王立統計学会となる団体を設立するきっかけを与えたベルギーの統計学者アドルフ・ケトレーが、保険数理的な考え方を人間の行動に幅広く応用して、現代社会統計学の基礎を築いた。当てはまる基本原理はほとんど同じで、各人がどう振る舞うかは予測できないが、十分な数の人を観察すればパターンが浮かび上がるというものである。

図3・1は、原著がフランスで一八三五年に、英訳が一八四二年に刊行されたケトレーの

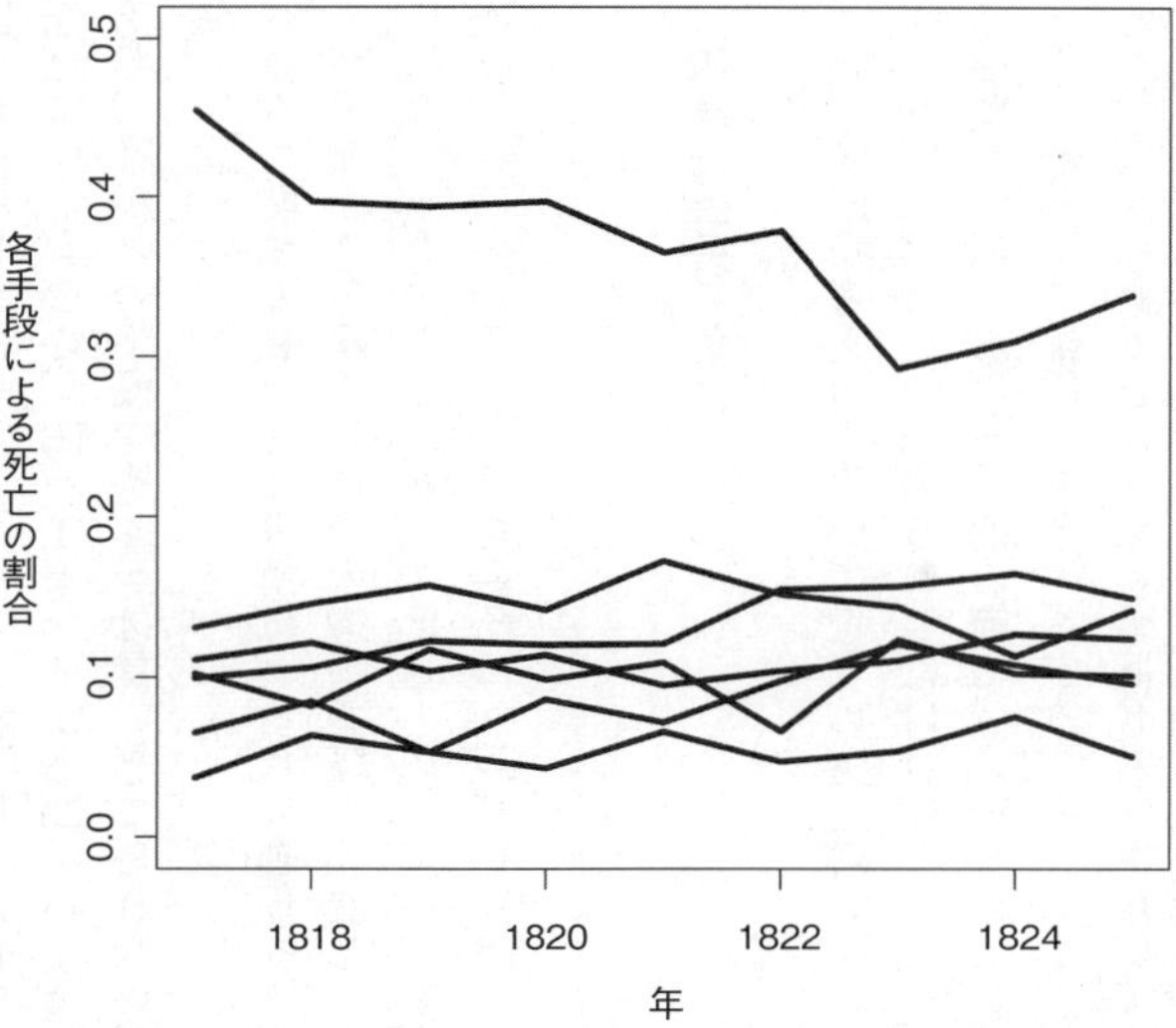

図3・1　フランス、セーヌ県における年ごとの自殺手段[12]

著書『人間とその能力の発達に関する論説』（邦訳は『人間に就いて』平貞蔵・山村喬訳、岩波文庫）の第三篇第二章のデータを基に作成した。このグラフは、フランスのセーヌ県における一八一七年から一八二五年までのすべての自殺において、用いられた各手段（あるいは、ケトレーの言う「破滅の様式」）――彼によると「入水《じゅすい》、火器、窒息、飛び降り、自絞、刃物、服毒」がある――の割合を示している。たとえば、一番上は「入水」の線だ。

さて、自殺を考えている者がこれを見て、「おや、この年に入水の件数が落ち込んでいるから、自分はこれで」などとは考えない。各人の判断は他人のとは無関係だ。それでも、図の各線は見事に一定している。毒を用いた自殺の割合は四～八パーセントほどのあいだで揺れているものの、四パーセントから四〇パーセントへ跳ね上がるということはない。そのため、誰がどの手段を選ぶかは言い当てられないが、各手段を選ぶ確率なら大ざっぱに言える。

確率に関する私たちの理解は、古代の運任せのゲームにおける元々の役割に始まり、法律や商業などあらゆる分野での応用を経て発展してきた。だがご用心！　偶然はつかみ所のない概念だ。しっかりつかんでいると思っていても、身をくねらせてうまくすり抜けていく。次は、そのあの手この手をいくつか見ていこう。

確率は存在しない

確率が絡む考え方を用いて世界の謎を解いていくなら、いま何の話をしているのかについて、互いに誤解のないようにしなければならない。すでに指摘したように、確率にはあいにく種類がいろいろある。前の節で、「その事象が起こりそうな度合い」と「その事象が起こりそうだと思う確信の強さ」という、数式によらない定義を挙げた。この二つは明らかに違うが、興味深いことにどちらも同じ数学を用いて表せる。詳しくはのちほど説明するとして、まずはざっと理解することを目指し、確率とは0をありえない、1を確実として、0と1のあいだのどこかに当たる数値であることを思い出していただきたい。これは数式によらない先ほどの定義のどちらにも当てはまる。この数学のもっと奥深い例を挙げると、一回のサイコロ投げで2と3が一度に出ることはない、など同時に起こりえない二つの事象がある場合、どちらかでも起こる確率はそれぞれが起こる確率の単なる和になる（この場合なら1/6＋1/6＝1/3）。これは確率の「加法定理」と呼ばれ、先ほどのどちらの定義を採っても成り立つ。

二つの定義の双方に当てはまる、このきわめて簡潔に書き表せる数学を、科学者や統計学者は二つの事象が一緒に起こる確率や、片方が起こった場合にもう片方が起こる確率などの計算に使っている。そうした数学をひとまとめにしたものとして圧倒的に幅広く用いられているのが、原著が一九三三年にドイツで出版されたロシア人数学者アンドレイ・コルモゴロフによる古典、『確率論の基礎概念』（坂本實訳、ちくま学芸文庫）に記述されているアプローチだ。実のところ、整合性を保つ（確率が1を超えない、など）ためにはコルモゴロフがまとめたような数学を用いなければならないことが示されている。私たちと関係する範囲で言えば、ありえなさの原理をなす帰結はこの数学に従っており、確率の意味に関する哲学的観点とは無関係である。

コルモゴロフによる確率のいわゆる「公理化」の詳細には立ち入らないが、そこから導かれる最も基本的かつ重要なルールを次節でいくつか取り上げる。だがその前に、先ほどの数式によらない確率定義を離れて先へ進もう。確率とは実際どういう意味かという考え方はほかにもまだある。さまざまな定義がそれぞれ確率の本質の一面を捉えてはいるが、どれ一つとして全体を捉えていそうにはない。言ってみれば、ある物体を正しく把握するためには複数の視点から見る必要がある、というようなものだ。一九七一年の一ドル銀貨の片面はアイゼンハワーの肖像で、もう片面ではアポロ一一号の記章の鷲が月面に降り立とうとしているのだが、このことは両面を見ないとわからない。少々難しい例を持ち出すと、光がさまざまな環境下でどう振る舞うかを説明しようと思う科学者は、光子の粒子としての解釈と波としての解釈をどちらも頭に入れておかなければならない。

確率の解釈として最も広く用いられているのが「頻度主義的」解釈、「主観的」解釈、「古典的」解釈の三つである——だがほかにもあって、この節の終わりでいくつか紹介する。これらの歴史は絡まり合って一体となっている。それをここで解きほぐすつもりはないが、これらのあいだの区別は時が経つにつれて徐々にはっきりしてきたものだ。必ずしもひと目でわかるような違いではなかったのである。それどころか、往々にしてかなりの思索を要した。

確率の頻度主義的解釈は、状況が繰り返されると相対頻度が大ざっぱに一定する、という物理系の傾向を土台としている。このような事例にはすでにお目にかかっている——コイン投げで二回に一回の割合で表が出る傾向、あるいはサイコロで4（でも何でも）が六回に一回出る傾向がそれだ。ある事象の確率の正式な頻度主義的定義は、その事象が同じ状況の無限に長い連続した繰り返し（これを「試行」と言う）において起こる回数の割合である。よってこの定義によれば、コインの表が出る確率とは、無限回の連続したコイン投げにおいて表が出る回数の割合ということになる。

さて、すぐにお気づきと思うが、この定義には実用上の難点がある。無限に長い連続した繰り返しとはどういうことか？　十分に長い有限の時間が経てば、コインはすり減って細り、やがて消えてなくなる（大聖堂のすり減った床石を思い浮かべてみよう）という話はさておき、現実にそうした繰り返しの終わりに達することなど決してない。それに、同じ状況の繰り返しの〝同じ〟とはどういうことか？　完全に同じ状況など二度と存在しない。ギリシャの哲学者ヘラクレイトスも、「同じ川に二度足を踏み入れることはできない」と言っている。

だが、1章で触れた学校で習う幾何学の点や線と同じで、一つの理想だと捉えれば、頻度主義的確率の解釈も合点がいく。無限の連続は実現できないが、好きなだけ長く続けることならできる。つまり、十分に長く（有限だが）続けることで、確率を望んだ精度で決められるのである。完全な精度での測定を保証できないことは確かだ。なにしろ、私たちによる試行の連続は有限にならざるをえない。だが、それを言うなら完全に測定できるものなどなにもない。私は自分の机の長さを精度一センチ、一ミリ、あるいは一〇〇万分の一ミリ（かなり苦労しそうだ）で測定できるが、小数点以下無限桁の精度でとはいかない。というわけで、コインで表が出る確率を完全な精度で知ることはできないが、それは大きな問題ではなさそうである。

一つはっきり言えることとして、頻度主義的解釈は外部世界――この例ではコインやサイコロ――の性質である。物体にとっての長さや体積のようなものだ。主観確率はまったく違う。それが表すのは外部世界の側面ではなく、ある事象が起こることに対して個人が抱く確信度である。コイン投げなら、あなたは表と裏がどちらも同じくらい出そうだと信じるに違いない――あなたにとっての表が出る確率は二分の一だ。だが、使っているコインや投げている被験者についてあとで詳しいことを知った場合（投げているのは手品師で、普段から両面とも表のコインを持ち歩いていることが判明した、など）、あなたは信じる度合い、すなわちあなたの確率を修正したくなるだろう。主観的な見方において、確率とは外部世界の性質ではなく、あなたの精神の内的な性質なのである。各人は各事象について独自の主観確率をもつ。だからこそブルーノ・デ・フィネッティは有名な著書『確率論』を「確率は存在しない[13]」という議論から始めたのだ。彼は確率とは外部世界の性質ではなく、私たちが世界をどう捉えるかの性質だと言っているのである。

　主観確率はいったいどうやって測定するのか――難しそうに思えるかもしれないが、方法はいろいろと考えられている。たとえば、あなたが誰かにコイン投げの結果に賭けるよう求めたとしよう。相手がコインは公正だと考えて、コインで表が出る主観確率を二分の一だと信じたなら、どちらの結果にも同じように賭けるだろう。だが、両面とも表ではないかと勘ぐったなら、表のほうに大きく賭けるだろう。

　確率の頻度主義的解釈と主観的解釈については、それぞれに「偶発的」と「認識論的」という用語もあてられる。「偶発的」は平たく言えば「サイコロ投げに依存して」、対して

「認識論的」は知識に基づいて、言い換えると事象が起こると思う確信の強さに基づいてという意味である。この二つがまったく違う概念であることは、「次期大統領が女性である確率は0.9」のような言明を考えるとたんにはっきりする。ここには試行の繰り返しだの女性が選出される割合だのという概念はなく、確からしさや確信の度合いしかない。

「確信の度合い」としての確率の認識論的解釈は興味深くもある。偶然を本質的に無知の尺度として扱っているからだ。そのため、認識論的確率は一神教色のきわめて強い文脈によくなじむ。確率の基盤はこの文脈において一七世紀なかばに築かれたものであり、偶然の出来事とは神がいかに引き起こしたのかを私たちが理解していない出来事にすぎないとされていた。だが、現代の考え方では、これから見ていくように、不確定さは〝未知なる真の原因を知らないだけ〟というあり方を越えた、はるかに根源的な形で生ずるものとされている。

　この二つの概念は根本的に違うので、どちらにも「確率」という用語を使うのはおかしいと思うかもしれない。哲学者のイアン・ハッキングは同じような問題が重さと質量についても生じたことを指摘している。重さと質量が別物であると人類が気づいたのは歴史上ごく最近のことで、私たちは今では違う用語を当てて記述している。同じように考え、偉大な数学者シメオン＝ドニ・ポアソンとアントワーヌ＝オーギュスタン・クールノーは、フランス語で認識論的な確率にはchance《シャーンス》を、偶発的な確率にはprobabilité《プロバビリテ》を使うことを唱えたが、英語ではそういう話にならずに今に至っている。

　確率の解釈としてもう一つ主流となっているのが古典的解釈だ。古典確率は対称性という概念に基づいている。六面の完全な立方体のサイコロがあったら、どれかの面がほかより多く出ると予想する理由はない。どれかの面が出るはずなので、確率は六面すべてで同じ分布になり、よって各面とも確率六分の一で出ると考えるのが自然である。この解釈は、サイコロやコインといった対称性のあるランダム化装置を用いる運任せのゲームできわめて有用だ。前にジェローラモ・カルダーノの著書[14]について触れたが、そこで彼が説くギャンブルに関する基本原理に確率の古典的な概念がよく表れている。「賭け事における最も基本的な原理は、単純に賭け金、状況、およびサイコロそのものが……等条件であることだ。この同等性から離れている場合、それが相手に有利な側であれば、あなたは愚か者であり、自分に有利な側であれば、あなたは不誠実である」。サイコロは幾何学的に完全な立方体でなくても実に優れた近似になっている。だが古典確率は、そうした明らかな対称性がない日常生活の場面でどう応用できるのかがわかりにくい。たとえば、誰かががんで死ぬ確率に当てはめられるのだろうか？

　確率の解釈としては頻度主義的、主観的、古典的という解釈が最も広く用いられているわけだが、ほかにもある。たとえば「論理的」解釈において、論理確率は論理の延長であり、単純明快なイエス／ノーという回答が、支持／不支持を表す数値的度合いに置き換えられたものである。普通の論理では「AがBを含意する」などと言えるのに対し、論理確率はこれを拡張してAがBを含意する度合いを与える。この形態の確率には「信頼性」、「信念の合理的度合い」、「確証の度合い」といったほかの名称もある。高名な経済学者ジョン・メイナード・ケインズは論理確率の信奉者で、著書『確率論』（『ケインズ全集』東洋経済新報社の第八巻に佐藤隆三訳で所収）でこれについて述べている。

確率の説明には「傾向性」解釈というのもある。その基盤は決まったやり方で振る舞うという物体の傾向だ。たとえば、手持ちのコインには表が出るという物理的傾向があると（そしてこの傾向の尺度は公正なコインで二分の一だと）考える。この類いの確率は、たとえばものの〝脆さ〟のようなものだと言っていい。皿の脆さとは〝落としたときに割れる〟という傾向だ。

確率の主立った解釈をいくつかざっと見てきたが、これですべてではない。確率はとらえどころのない概念であり、哲学者を筆頭に数え切れないほど大勢が人生のかなりの時間をかけて突き詰めようとしてきた。だが、確率の何より驚くべき特徴の一つは、（ほかはともかく）最も広く知れ渡っているこの三つの解釈——頻度主義的、主観的、古典的——がどれも同じ数学で記述できることである。

確率のルール

ありえなさの原理は確率論を用いて構築されている。ここでは確率論の基本概念のうち、ありえなさの原理にとってとりわけ重要な内容について触れる。詳しい説明に興味をおもちであれば付録Bを参照されたい。さまざまな確率の具体的な計算方法を解説している。

ここまで、コインの表が出る確率、サイコロで6の目が出る確率、次期大統領が女性になる確率、などを取り上げた。だが、どれも単発の事象であり、確率の計算が済めばほかにとりたてて言うことはなくなる。面白いのは事象が複数絡む場合だ。その一例が偶然の一致で、同時に起こる二つ以上の出来事が存在する。よって、まず計算すべき重要なことは、二つの出来事がどちらも起こる――たとえば法王が辞任し、かつサンピエトロ大聖堂に雷が落ちる――確率である。これが計算できるようになれば、三つ以上が起こった場合の確率も簡単に計算できる。最初の二つが起こり、かつ三つめが起こる場合の確率という具合に。

最も単純明快なのは、ある出来事が起こる確率がほかの出来事が起こっても起こらなくても影響を受けない状況である。私の目覚まし時計が鳴りそこねる確率は、あなたが宝くじに当たろうと当たるまいと変わらない。逆に言えば、私の目覚ましが鳴ったときのほうが鳴らなかったときより、あなたが宝くじに当たる確率が上がる（または下がる）わけではない。このような場合、各事象は「独立」であると言い、両方とも起こる確率は簡単に計算できる。片方の確率にもう片方の確率を掛けるだけだ。鳴りそこねが一〇回に一回起こり、当選が一〇〇万回に一回起こるとすると、私の目覚ましが鳴っても鳴らなくても、あなたが宝くじに当たる確率はやはり一〇〇万回に一回なので、私の目覚ましが鳴りそこね、かつあなたが宝くじに当たる確率は一〇〇〇万回に一回ということになる。

出来事が「従属」的だと――ある事象の起こる確率がもう一つの事象が起こるかどうかに

依存していると――話はややこしくなる。たとえば、私が電車に乗り遅れる可能性は、私の目覚ましが鳴りそこねたときのほうが鳴ったときよりはるかに高い。この場合、両方の出来事が起こる確率はそれぞれの確率を掛け合わせるだけでは求まらない。そうではなく、片方が起こる確率に、その片方が起こったとわかっている状況でもう片方が起こる確率を掛ける必要がある。私の目覚ましが鳴りそこね、かつ私が電車に乗り遅れる確率を計算するには、私の目覚ましが鳴りそこねる確率に、私の目覚ましが鳴りそこねたときに私が電車に乗り遅れる確率（おそらく1！）を掛けるのである。

出来事Aが起こったとわかっている状況で出来事Bが起こる確率を、AのもとでBが起こる「条件付き確率」と言う。条件付き確率はありえなさの原理のたいへん重要な側面の一つで、なぜなら一般にはかなり起こりえないのに特定の環境でなら大いに起こりそうな物事があるからだ。たとえば、私の親友がニューヨークで事故に遭う確率は非常に低い。なぜなら彼はロンドン在住で、ニューヨークを訪れることがまずないからだ。ところが、彼がニューヨークに引っ越すことになれば、その確率は当然大きく高まる。

二つの出来事がどちらも起こる確率を計算できることを、ありえなさの原理を支える二本柱の一本とするなら、もう一本は二つのうち少なくとも片方が起こる確率を計算できることだ。一例として、私が月曜、火曜、またはその両方に職場に遅刻する確率を考えてみよう。出来事が同時に起こりえない場合（「排反」事象や「相反」事象と呼ばれる）、少なくとも片方が起こる確率の計算は簡単で、それぞれの確率を足せばいい（両方とも起こる確率は0なので）。私があした職場に午前七時より前、または午前八時よりあと、またはこの両方に着く確率は、私が午前七時より前に着く確率と午前八時よりあとに着く確率を足したものだ。両方に着くことはできないからである。

　ところが、両方がどちらも起こりうるとなると、話はやや複雑になる。私が月曜に遅刻する確率が六〇パーセント、火曜は七〇パーセントだとしよう（なんと厄介な目覚まし！）。この二つを単純に足すと、私が月曜か火曜か両方に遅刻する確率は0.6＋0.7＝1.3となる。だがこれは意味がない。確率1は確実という意味であり、確実より確実だと思うことはできない！　ここでの問題は、起こりうる結果をすべて考えると明らかになる。

　起こりうる結果は、どちらにも遅刻する、月曜には遅刻するが火曜にはしない、火曜には遅刻するが月曜にはしない、どちらにも遅刻しない、の四通りだ。月曜に遅刻する確率には、どちらにも遅刻する確率と月曜には遅刻するが火曜にはしない確率の二つが含まれている。同じように、火曜に遅刻する確率には、どちらにも遅刻する確率と火曜には遅刻するが月曜にはしない確率の二つが含まれている。

　月曜に遅刻する確率と火曜に遅刻する確率を単純に足しただけでは、どちらにも遅刻する確率を重複してカウントすることになる。これを改めるには、重複して数えた分を一回分引く必要がある。たとえば、事象が独立だと（私が一方の曜日に遅刻することが、私がもう一方の曜日に遅刻する確率に影響を与えないと）すると、先ほど見たように、どちらにも遅刻する確率は二つの別個の確率を単純に掛けた0.7×0.6＝0.42だ。この値を1.3から引くと

0.88となる。はるかにそれらしい！

こうした基本ルールのほかに、ありえなさの原理にはより高度な概念も絡んでいる。そこで、この節を終える前に、そのうちの二つに簡単に触れておこう。

より高度だがやはり基本的な法則の一つが「大数《たいすう》の法則」である。これによると、与えられた数の集合からランダムに選び出された一連の数の平均は、その集合の平均値に近づいていく傾向を示す。たとえば、六個の数からなる集合｛1、2、3、4、5、6｝について考えてみよう。平均は（1＋2＋3＋4＋5＋6）/6＝3.5だ。ここで、この集合から数をランダムに選び出しては元に戻し、どの数も何度でも選べるようにする（結果はたとえば3、6、2、2、4、1、5、3などと始まり、選ぶのをやめるまで続く）。すると、大数の法則により、選び出す回数を増やすほど、平均は3.5に近づいていく。途方もない回数の試行を行なったあとで平均が3.5から大きく離れている可能性は非常に低い。

このことはあなたにも簡単に試せる。集合｛1、2、3、4、5、6｝から数をランダムに一つ選び出す方法としては普通のサイコロを投げてみるのが手頃だ。サイコロを繰り返し投げ、その都度そこまでの平均を計算してみればいい。

あなたにお手間をとらせないよう、私がやってみた。ただし、サイコロを五〇〇回投げる代わりに、ズルをしてコンピューターで集合｛1、2、3、4、5、6｝から数を五〇〇回ランダムに選び出した。図3・2がその結果である。最初のグラフは、仮想サイコロ投げで得られた1〜6の数を最初の二〇回分だけプロットしたものだ。横軸は一から二〇までのうち何回めの仮想サイコロ投げかを、縦軸は投げたときに1、2、3、4、5、6のどれが出たかを示している。なので、たとえば一回めは5、二回めは3だったとわかる。二つめのグラフは、回数が大きくなるにつれて平均がどうなったかを示している。

まだあまり回数をこなしていない最初のうち（二つめのグラフの左端）、数の平均は新たに出た数で平均を更新するたびに大きく変動している。だが、投げた回数が多くなるにつれ、平均は次第に落ち着き、収束し始める。そして五〇〇回に達したころ（二つめのグラフの右端）の平均は3.5にきわめて近くなっている。

大数の法則（正式な呼び方ではないが「平均の法則」とも）にはすでにお目にかかっていることにお気づきかもしれない。「ギャンブラーの錯誤」を思い出していただきたい。コイン投げで表の出る割合に見られた偏りがコインをもっと投げているうちに逆の偏りで埋め合わされる、というのは誤った考え方だ。実際には偏りが薄まり、回数を重ねるにつれて表の割合が二分の一にどんどん近づく。二分の一は0と1の平均というだけのこと。つまり、単に大数の法則の表れなのである。

大数の法則が効く仕組みを見て取るのは難しくない。公正なコインを投げるとしよう。一回投げた場合、表が出る割合の取りうる値は0か1しかない。二回投げると、取りうる値は0（二度とも表が出なかった）か、1（二度とも表が出た）か、1/2（一回が表で一回が裏）となる。このうち、1/2の割合で起こる三つめの結果の起こり方が二通り（一回めが表で二回めが裏と、一回めが裏で二回めが表）あるのに対し、ほかの二つの結果の起こり方はそれぞれ一通り（どちらも表、どちらも裏）しかない。次は三回投げる場合だ。起こりうる結果の数は多くなるが、極端な結果（三回とも表、または三回とも裏）の起こり方は一通りしかな

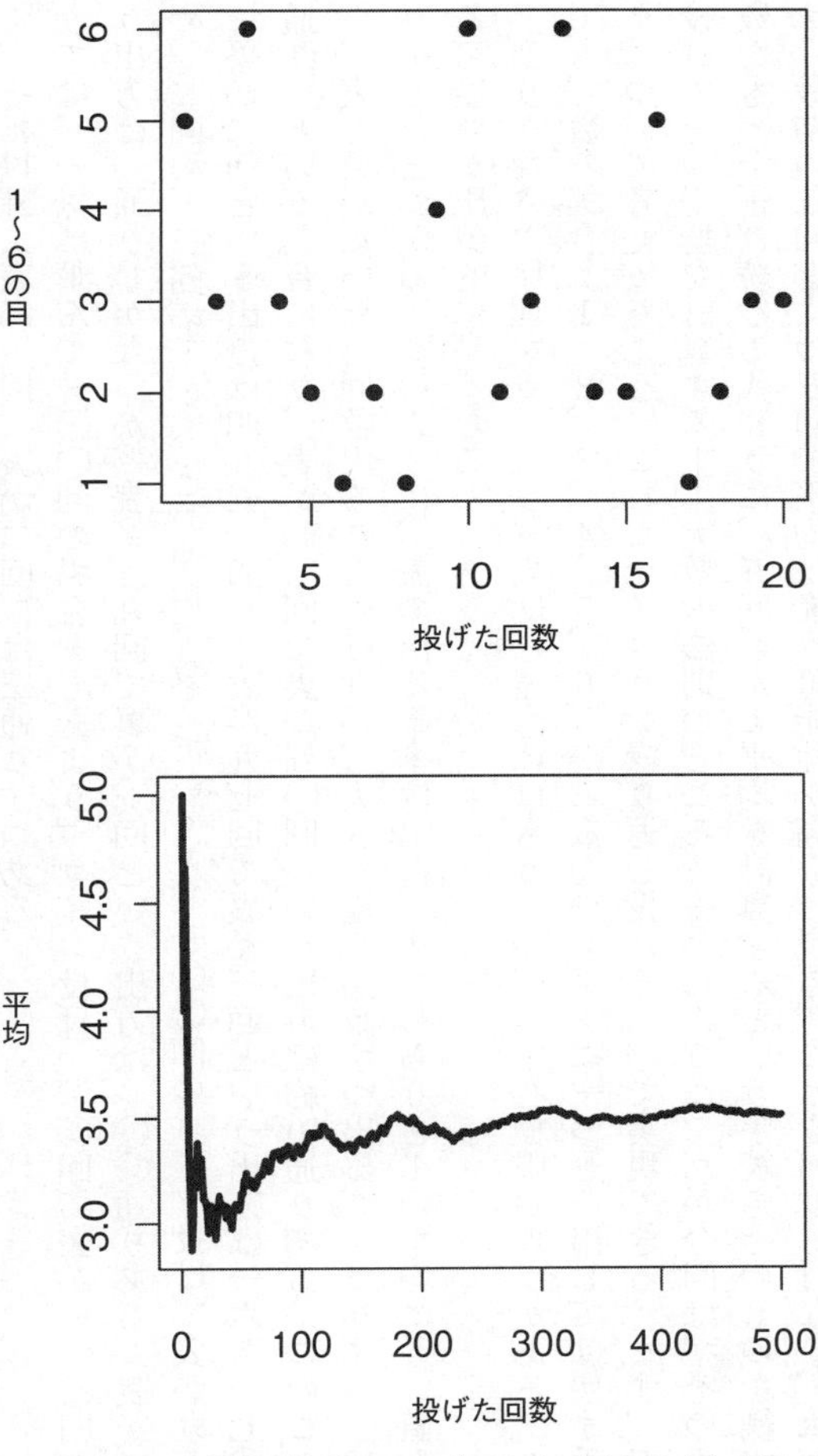

図3・2　大数の法則。サンプルサイズが大きくなるにつれ、平均は決まった値に収束していく。

く、それ以外（表が一回、表が二回）は三通りずつある。

では、一気に飛んで一〇〇回の場合を考えよう。コイン投げ一〇〇回で表が一〇〇回という出方は一通りしかないが、表が九九回で裏が一回という出方は一〇〇通りある（表が一回め、二回め、三回め……）。この要領で数えていくと、一〇〇回のコイン投げで表が九八回で裏が二回という出方は四九五〇通り、表が九七回で裏が三回という出方は一六万一七〇〇通り、という具合になり、表が五〇回で裏が五〇回という出方は約10^{29}通りある。このことから、表と裏がだいたい同数出ることのほうが、大きく違う回数ずつ出ることよりずっと起こりそうだとわかる。このように、表の出る確率は1/2に、すなわち0と1の平均に近い値となる可能性が圧倒的に高くなるのである。

ありえなさの原理を支えるより高度な概念にはもう一つ、「中心極限定理」がある。ここでも、数の集合｛1、2、3、4、5、6｝から数をランダムに一つ選び出しては戻す手続きについて考えてみよう。これもサイコロを繰り返し投げることで実現できる。まず、五回投げてその平均を計算する——大数の法則のところでやったように。だが今回は、そのまま数をもっと選び続ける代わりに、五回選んで平均を計算するという手続きそのものを繰り返す。最初の五回と次の五回で平均は違う可能性が高い。現に、これを何度も行ない、毎回数を五個選んでは平均を計算すると、平均の分布が得られる。

ここで、この例の五という回数は魔法でも何でもない。サンプルサイズは五ではなく一〇でも二〇でも一〇〇でもよかった。どのサンプルサイズでも、平均の分布はある決まった形

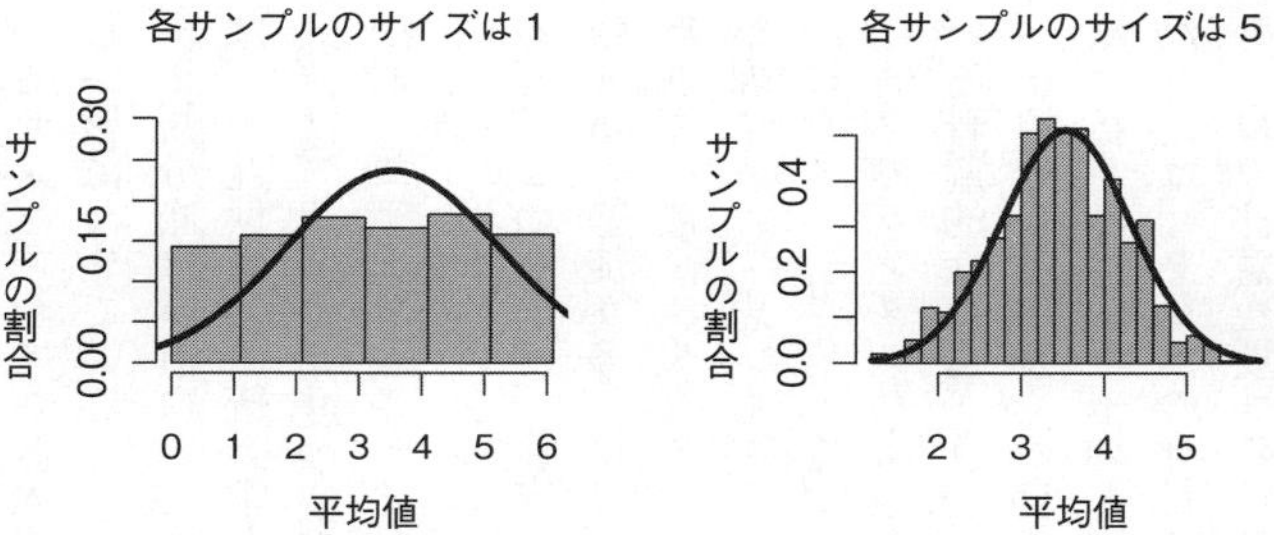

図３・３　中心極限定理。サンプルサイズが大きくなるにつれ、サンプルの平均の分布が正規分布の形に近づいていく。

になる。中心極限定理は、サンプルサイズが大きくなるにつれて分布がどのような形になるかを教えてくれる。それによると、サンプルサイズが大きくなるほど、平均の分布の形状は「正規分布」（カール・フリードリッヒ・ガウスにちなんで「ガウス分布」とも言う）と呼ばれる形にどんどん近づく。それは釣鐘を思わせる特徴的な形をしている。

それを具体的に示したのが図3・3だ。話を簡単にするため、サンプルサイズが1の場合に得られた分布（サンプルサイズ1の場合の「平均」は単に選ばれた数そのもの）と5の場合に得られた分布だけを比較する。グレーのヒストグラムは得られたサンプルの平均を示している。上書きされた黒い線は、ランダムな数から得られた分布に最も近い正規分布だ。左側のヒストグラムはほとんど平らだが、驚くことではない。サンプルサイズはどれも1、その平均は1、2、3、4、5、6のどれかであり、どの数も均等に――確率六分の一で――選ばれる可能性がある。それに比べて、右側のグラフに示されているサンプルサイズ5の場合の分布のほうがずっと、正規分布の象徴である釣鐘形の曲線らしい形になっている。

正規分布は統計においてきわめて重要だ。ヴィクトリア朝の博識家フランシス・ゴルトンは、一九世紀末に統計学をはじめとする数々の分野で大きな成果を上げたのだが、このこと(彼は「誤差の頻度の法則」と呼んだ)について次のように述べている。「『誤差の頻度の法則』によって表される見事な形態の宇宙秩序ほど想像力をかくも揺さぶるものを私はほとんど知らない。ギリシャ人がこの法則を知っていたなら、人格化し、神格化していたことだろう。この法則は、途方もない混乱のただ中にあっても平静を保ち、まったく表に出ずに君臨する。暴徒が多いほど、見かけの無秩序さが増すほど、その影響は完全性を増す。それは無秩序の最高法規なのだ。混沌とした要素からなる大規模な標本《サンプル》を持ち出して度合いの順に整理すれば、思いも寄らぬたいそう美しい形態の規則性が常に隠れていることが必ずや明らかになる」(15)。ゴルトンの言葉の端々《はしばし》から、正規分布の美と力が、そして本質的に予想不可能な個々のランダムな事象をきわめて予測可能な集合に変容させるうえで正規分布が果たしている普遍的な役割がうかがえる。

正規分布は数多くの自然な分布の優れた近似になっている。なぜなら、概して測定値は先ほど私が計算した平均と同じで、多数の部分を合計または平均した結果と捉えられるからだ。たとえば、あなたの身長はあなたの背骨、太ももの骨、頭蓋骨などの長さの和である。ただし、少々注意を要する。自然界で厳密な意味での正規分布が見つかると期待することなかれ。

学校の幾何学で習った点、線、平面などと同様、正規分布も数学的抽象概念でしかない。正規分布が理想化の一つだからこそ、教育学者のセオドア・ミセリは自分の論文の一篇に「一角獣、正規曲線、およびその他のありそうにない産物」[16]という表題を付けたのだ。

先の簡単なシミュレーションにおいても、右側の図は厳密には正規分布ではない。たとえば、真の数学的正規分布には正負の無限大まで延びる「尾《テール》」がある。取りうる値の大きさに制限はないのだ。それに対し、集合｛1、2、3、4、5、6｝から選んだ五つの数の平均に基づく私の例では、得られうる平均の最大値は6であり（五回すべてで6が選ばれた場合）、最小値は1である（五回すべてが1）。自然界で起こっていることも同じで、身長が三〇メートルという人も負の値という人もいない。正規分布は便利な数学的抽象概念だが、自然界で起こっていることを表す完璧なモデルではないことを忘れてはならない。あとで見ていくように、正規分布が自然に生じる分布の近似にすぎないという事実は、ありえなさの原理にとってたいへん重要である。

時計仕掛けの宇宙の向こう

2章に出てきた時計仕掛けの宇宙はまったくもって決定論的だ。初期条件が与えられた宇宙は機械的な法則に従い、いつまでも線路上を走るしかない列車のごとく、決まった道筋に沿って走り続ける。だが自然に関する理解が進むにつれて、この構図にすき間が見つかり始め、その正確さに疑問が投げかけられた。すき間は二〇世紀に入ったあたりでいよいよはっきりし始めた——とはいえ、あらゆる科学概念の例に漏れず、その根源ははるか昔にさかのぼれる。

最初のすき間は二つの事実の帰結として表面化した。その二つとは、本質的に不安定な系が存在すること、そして私たちには何ものも完璧な精度では測定できないことだ。まず、不安定さから見ていこう。

浴室の床の上でビー玉を転がすと、どこから転がし始めてもゆくゆくは排水口に落ちる(設計がよくできており、至る所の傾斜によって水が滞《とどこお》りなく流れ出る場合の話)。ブランコを揺らせば、やがて止まってフレームの真下にぶら下がる。一方、鉛筆を芯先で立てようとしても倒れてしまい、その向きも、倒れて最終的にどこで止まるかも、最初の位置のわずかな違いに大きく左右される。ビー玉をボールの上に置いたときも、位置が少しでも悪ければビー玉は転げ落ち、最終的にどこで止まるかは最初のわずかなずれの向きに左右される。

こうした不安定さの一例として、ビリヤード台でクッションではね返って的玉《まとだま》に当たった手玉の軌跡を考えてみよう。あちこちぶつかってまわる手玉がたどる軌跡は、動き始めの正確な方向と速度にきわめて敏感だ。ビリヤード玉は球なので、手玉が的玉に近づく経路が少しでも変われば、玉どうしがぶつかる球面上の接点がずれ、違う角度ではね返る。この角度の違いはぶつかるたびに増幅され、繰り返されるうちに当初の小さな差がきわめて大きくなるので、手玉の位置も方向も予測がつかなくなる。この話に関連して、初期条件におけるごくわずかな差があっという間に増幅されて目に見えて大きな効果を生む例を7章でいくつか見ていく。

　この概念――初期条件におけるわずかな差が、ある種の系で急激に増幅されて巨大な差異をもたらしうる――は目新しいものではない。一〇〇年ほど前、アンリ・ポアンカレが次のように書いている。「目に留まらないとても小さな原因が、無視できない大きな効果を生む……自然法則に何の秘密もなくなったとしても、初期状態は近似的にしか知りえない……初期状態における小さな差異が最終的な現象できわめて大きな差異を生むことがありえるのだ。前者における小さな誤差が、後者において巨大な誤差を生むのである。予測は不可能となる[17]」

　ジェイムズ・クラーク・マックスウェルも一九世紀の終わりに同じようなことを述べている。「ある種の現象においては……データに小さな誤差が含まれていても結果には小さな誤差しか生じない……その場合、事の成り行きは安定する。もっと複雑な異なる部類の現象もあって、その場合は不安定さを示す事例が生じることがあり、そうした事例の数は変数が増えるにつれてきわめて急速に増加する[18]」。このような系は本質的に不安定であり、よって時間が経つにつれて状態の予測が難しくなっていく。

　これらの引用がほのめかすように、初期値のごくわずかな測定誤差が増幅され、のちの系の状態をきわめて不安定にすることがある。ならば、この問題を避けるためには物事を最初から正確に測定すればいいと思うかもしれない。だが先ほど述べたように、完璧な精度で測定することは不可能だ。手玉のスタート位置と初速度は小数点一桁や二桁という精度でなら測定できるかもしれないが、一〇〇桁や一〇〇〇桁（など、要は測定器の精度を上回っている桁数）では測定できない。つまり、少なくともある種の系では、系の状態に関する私たちの不確かさがやがて爆発的に大きくなることが避けられないのである。

初期条件をごくわずかに変えると系の状態があっという間にまったくわからなくなることがある、という話は「バタフライ効果」と呼ばれている。この用語を考えたのは数学者で気象学者のエドワード・ローレンツで、その由来は、アマゾンのジャングルにおける蝶のはばたきのような取るに足らない物事が、手玉の軌跡に見られる不確かさと同じような仕組みで増幅され、地球の裏側で暴風が起こる、という派手なイメージである。

ローレンツがこの呼び名を思いついたきっかけは、気象系のコンピューターシミュレーションを実行していて、途中である数をわずかに変えただけでまったく違う天候パターンが出現したことだった。バタフライ効果は現実であって比喩ではないのだが、翅《はね》のはばたきを暴風の原因だと説明するなら、それは「因果律」という概念の拡大解釈が過ぎるということになろう。はばたきから大嵐までの連鎖のあいだには膨大な数の事象があるのだから。

この手の現象の正式な研究は「カオス理論」と呼ばれている。カオス系で状態はまったくランダムに推移しているように見える――が、次の状態が予測できないという意味でランダムなわけではない。連続する状態を結ぶ明示的かつ決定論的な式を与えられるからだ。これは開始点を厳密に知ることが決してかなわず、その開始点におけるわずかな違いがのちにきわめて大きな違いをもたらしうる、という話なのである。

決定論的な時計仕掛けの宇宙観に見つかったもう一つのすき間は、こちらも二〇世紀初頭のことだが、電子などの粒子に関する一見矛盾しているかに思える不思議な観測結果からも持ち上がった。その観測結果を突き詰めて考えていったところ、物理的な観測の核心に不確かさが存在するという見方に達した。この見方は、私たちが測定できるものには「真」の値があり、精度が十分に高い測定機器さえあればそれが得られるはず、というそれまでの一般的な見方に反していた。放射性崩壊において原子がいつ分裂して違う種類に変わるかがその一例と言えよう。私たちにはいつ崩壊するかを予測できないが、それは初期条件を知らないからでも、原子の性質を知らないからでもなく、この事象がそもそも予測不可能だからだ。原子が任意の時間に崩壊する確率を知ることしかできないのである。

この本質的な不確かさは、かの有名な「ハイゼンベルクの不確定性原理」からもうかがえる。物体の属性のある決まったペアについて、私たちはその両方を完璧な精度で知ることはできない。そうしたペアの一つが粒子の位置と運動量だ。粒子の位置をより高い精度で知るほど、運動量は低い精度でしかわからなくなり、逆も真なりなのである。ここで重要なこととして、この制約の原因は自然の基本性質であって測定器の力不足ではない（何かを測定するとその何かが必然的に乱されることが原因でもない。ただし、そういうこと自体はありうる）。

本質的に不確かな素粒子レベルの事象を研究するため、科学者は電子のような粒子を確率分布や確率「雲」で記述し始めた。こうすると、測定時に粒子の属性（位置、速度など）が特定の値になっている確率が与えられる。こうした記述方法の裏には、〝属性の値は測定されるまで現実には存在しない〟という考え方がある。

この〝自然は基本的に確率的だ〟という考え方は、誰もがやすやすと受け入れられるものではなかった。一九四四年にマックス・ボルンに宛てた手紙で、アインシュタインはこう述べている。「あなたはサイコロを振る神を信じており、私は客観的に存在する世界における完全な法則と秩序を信じています……量子論は当初大成功を収めましたが、だからといって私は根本レベルにサイコロ遊びがあると信じる気にはなりません」[19]。だが、アインシュタインのような科学者は少数派だった。今では、自然は実際に根本的なレベルでは偶然で動いているというのが一致した見解だ――その核心に不確かさがあるのである。

時計仕掛けの宇宙から確率的な宇宙へのシフトは一世紀ほど前に始まり、今では事実上終わっている。私たちは偶然と不確かさに支配された宇宙に暮らしている。だが、ここまで見てきたように、偶然には偶然の法則があり、それらが確率の土台をなしている。次からの数章では、ありえなさの原理がこうした基盤の上にどう構築されているかを見ていく。

4章　不可避の法則

偶然の一致の総和は確実性に等しい。

――アリストテレス

事象の確実性

ありえなさの原理をなすより糸は、どれか一本だけであっても、九分九厘起こりそうにない出来事を突如として引き起こすことがある。とはいえ、より合わさってこそ威力を存分に発揮する。ここからの数章で、そのより糸を一本ずつ検証していく。まずは最重要の一つである「不可避の法則」だ。これはシンプルで見過ごされることの多い観察事実で、実質的にほかのすべての背後に潜んでいる。何かが必ず起こるという単純なことである。

立方体の標準的なサイコロを転がすと、ご存じのとおり1～6の目が出る。コインを投げれば表か裏が出る。厳密に議論するため、この二つの例を拡張しよう。ご存じのとおりサイコロの六つある目のどれかが出るか、または何かほかのことが起こる（テーブルから床に落ちて見つからなくなるとか）。コインの場合なら表か裏が出るか、または縁《へり》で立つか、通りがかった鳥に飲み込まれるか、床板のすき間から落ちてなくなるかなどする（とはいえ、私がこれまで経験してきたコイン投げでは必ず表か裏が出たことを申し添えておく）。どちらの例でも、可能なすべての結果を一覧にまとめられたなら、そのどれかが必ず起こるはずだとわかる。ゴルフでショットがグリーンを捉えた場合、ボールは芝生のどれかの葉の上で止まるか、（とても幸運か上手だったなら）カップに直接吸い込まれるか、大きくはずんでフェンスを越えて隣家の庭に入り込むか、などする。

そして、不可避の法則とはそれだけのことだ。起こりうるすべての結果を一覧にしたなら、そのうちのどれかが必ず起こる。何かが起こることは確実である。

のだが、どれが起こるのかはわからない。ただし、一覧に挙がったどれかが必ず起こることはわかるのだが、どれが起こるのかはわからない。サイコロを投げるまで、どの目が出るかはわからない。コインを投げるまで、表と裏のどちらが出るか（あるいは可能性のきわめて薄いほかの結果が起こるか）はわからない。そしてショットを打つまで、ボールが芝生のどの葉の上で止まるかはわからない。

それどころか、ゴルフの例において芝生の葉をあらかじめこれと選んだ場合、ボールがその上で止まることはまずなさそうだと自信をもって言える。賭けて報われる可能性が実に低いとわかっているので、ボールが特定の葉の上に止まるという賭けなどまったくする気にならないだろう。

とにかく、ボールが止まりうる場所の一覧は膨大になる――芝生の葉一本一本の上、ホールの中、通りがかったアホウドリ《アルバトロス》のくちばしの中など、それぞれが起こる確率はきわめて小さいが、どれかが必ず起こる。オーストラリアのヴィクトリア州天文協会のスポークスマンであるペリー・ヴラホスによる、私のゴルフボールの例をスケールアップした見事な例と言える発言を紹介しよう。大気圏再突入を控えたNASAの上層大気調査衛星に関する状況を、彼はこう表現した。「関係してくる変数があまりに多くて、どこに落ちるかを確実に突き止めるのは少々難しいのですが、地球上のどこかに落ちることは確実です」。この最後の一言は確かにそのとおりだった。これぞ不可避の法則である。

宝くじ

ある状況下の不可避の法則には誰でもなじみがあるものなのだが、これがそうだと気づいているとは限らない。宝くじのことだ。

手元の『新オックスフォード英語辞典』によると、宝くじとは「番号が記載された抽選券を販売し、無作為に選ばれた番号が記載された抽選券を所有する人に賞金を支払うことによる、資金調達の一手法」だ。このアイデアはかなり昔からあり、同じ原理がずいぶん前から、陪審員候補者団《プール》や運営審議会のメンバー選びに使われている。スペイン国王カルロス三世は一七六三年、戦争で疲弊した国内経済を立て直すべく宝くじを始めた。だが、宝くじは往々にして運営側と倫理的に好ましくないとする側とのあいだに緊張をもたらす。なかには、一等の当選確率が微々たるものであることから（芝生のこの葉）、宝くじを貧乏人――そんな余裕が最もなさそうな層――からカネを巻き上げる手段だと言う者さえいる。

現代のロト（数字選択式宝くじ）において、抽選券には多くの数からなる集合から選ばれたいくつかの数が記載されている。たとえば、イギリス国営ロトは1～49の整数から選ばれた六個の数を使い、フィンランドのロトヨケリは39までの整数から七個、ペンシルベニア州のキャッシュ5は43までの整数から五個、フロリダ州のニューファンタジー5は36までの整数から五個を使う。この手のくじは、抽選券ごとにr個の数をs個の数の集合から選択する（六個を四九個からなど）ということで、便宜的にr/sくじと呼ばれることもある。一枚の抽選券に運営側によってランダムに選ばれたr個の数と同じものが記載されている確率は、rとsの値によって違ってくる。rとsが大きくなるほど、特定の抽選券が当たりになる確率は低くなる――値が大きくなるほどs個の数からr個の異なる数を選ぶ組み合わせが増えるからだ。イギリス国営ロトの抽選券を一枚買った場合、ジャックポットの当選確率は一三九八万三八一六分の一だ（私は大ざっぱに一四〇〇万分の一と言うことにしている）。イギリス国営ロトの宣伝文句のとおり、それはあなたかも！（そして、言い添えてはいないが、でもそれがあなたである確率はほぼ無限に小さい！）[1]。

購入者に数を二組選ぶよう求めて事をややこしくしているくじもある。たとえば、ユーロミリオンズロトを買うには、最初の整数五〇個から数を五個選ぶとともに、最初の一一個から二個選ばなければならない。いわば5／50＋2／11くじである。アメリカンパワーボールロトは、五九個の整数から五個と三五個から一個という5／59＋1／35くじだ（ただし、数は時代とともに変わっている）。ランダムに選ばれた一枚の抽選券がパワーボールロトで当たる確率は一億七五二二万三五一〇分の一である。

さて、あなたがパワーボールロトの抽選券を買い――つまり、1〜59から異なる数を五個選び、1〜35から数を一個選び、その組み合わせが当たりだったなら、あなたはきっと自分を〝なんてラッキーな〟と形容するだろう。選んだ数の組み合わせに何らかの理由付け――誕生日など――があったなら、2章でざっと触れたどれかに傾倒したくなるかもしれない。あるいは、単純にクイックピックのようなシステムを使って数を選んでおり（多くのロト売り場にこうした数のランダム生成器が用意されている）、買った組み合わせの数が当たったことについては〝単なる偶然〟で片づけるだろう。

一方、一億七五二二万三五一〇人がそれぞれ番号の違う組み合わせの抽選券を買ったなら、誰かが当たると保証できる。選べる組み合わせは一億七五二二万三五一〇通りしかないわけで、買い手側は可能な組み合わせを網羅している。

そして、このことから宝くじを確実に当てる方法が導かれる――あなたが十分にお金持ちという条件付きで。単純にすべての組み合わせを買うのだ。そのうちの一枚がジャックポットに決まっている。もちろん、実現するためには膨大な数の可能な組み合わせを買えるだけの組織力と資金が要るが、実行は可能である。そして、本当に実行に移されたことがある。一九九〇年代、バージニア州ロトは1から44の数のなかから六個選ばせ、ジャックポットが当たる確率を七〇五万九〇五二分の一に設定していた。これはパワーボールロトよりずいぶん高い確率であり、たった七〇〇万ドル出せば当たりくじを買えることが保証されていた——すべての組み合わせを買えるからという単純な理由で。

一九九二年二月一五日、前の週に誰も当たらなかったことから、バージニア州ロトのジャックポットが膨らんでなんと同ロト史上最高額の二七〇〇万ドルになった。すべてではなく一部の数が当たった場合の二等以下も合計九〇万ドルとなり、総額で二七〇〇万ドルを上回る額となった。さあ、計算してみよう。七〇〇万ドルの元手で二七〇〇万ドルを超える額が手に入るなら……。ただし、わなが一つあって、それについてはあとで触れる。

このように考えた国際ロト基金と称するグループが、一九九二年二月に二五〇〇名の小額投資者からなるコンソーシアムを結成した。オーストラリア人が主体だったが、アメリカ、ヨーロッパ、ニュージーランドからの出資者もいて、ロト番号のすべての組み合わせを買うために必要な七〇〇万ドルを調達した。

この計画を実行するうえでの最大の苦労はおそらくロジスティクス、具体的には七〇〇万枚の異なる抽選券の購入を一週間で手配することだったのではないだろうか。国際ロト基金は二〇人ほどのチームでバージニア州内をかけずり回り、八つのチェーンに属する一二五店のスーパーやコンビニで抽選券を買った。実はこの作業があまりに大変で、最終的には五〇

○万枚しか買えなかった。これは大失敗の可能性をはらんでいた。さぞかしハラハラしたことだろう。確実なはずだったジャックポットの確率が七分の五しかなくなった、つまり当たらない確率が四分の一を上回ったのだから。

だが、同基金の計画にはもう一つ、物事がスムーズにいって七〇〇万枚の抽選券をすべて買えたとしても逃れられない、もっと深刻なリスクがあった。何かと言うと、当選番号が記載された抽選券をほかの誰かも買っている可能性があることだ。そんな人が一人いるだけで、同基金はジャックポットの半額しか受け取れなくなる。実はジャックポットが出た過去一七〇回のうち、当選者が複数出たことは一〇回あり、このリスクには現実味があった――とはいえ、ジャックポットをもう一人と分けあうことになっても利益はたっぷりあったが。

二月のその回の当選番号は8、11、13、15、19、20で、五〇〇万枚を（おそらくは）血眼になって確認したところ、同基金が買った抽選券の一枚が当たっていた。

だがあいにく、ほっとできたのも束の間だった。ある州条例によって、抽選券が高値で転売されるのを防ぐことを目的に、各券に対する支払いはそれを実際に印字した端末を置く売り場で行なうことと定められていたのだ。ところが、同基金は三〇〇万ドル分の抽選券をフレッシュファームというスーパーチェーンの本社から一括購入しており、端末のある売り場では抽選券を受け取っただけだったのである。これに対して同基金は、確かにそのとおりだが、抽選券は当たり券を発行したチェザピーク市の売り場で直接買っていて、当たり券が買ったなかに含まれていたのか印字されただけなのかを確認する手段はない、と反論した。

ロトの運営側は最終的に、その立証は難しく、この問題を追及しても見通しのはっきりしない長期戦の訴訟に発展しかねないと判断して、支払いに同意したのだった。

株式相場の予想屋

宝くじですべての抽選券を買うというのは不可避の法則を利用して大金を儲ける一つの手だが、この法則で金儲けをするもっと確実な手法として株式情報詐欺がある――試す前にはこの方法をめぐる倫理的な問題を熟慮されたい。この詐欺には不可避の法則と「選択の法則」の二つが絡んでいる。選択の法則については6章で詳しく説明するが、それは〝起こるまで待てば結果は確実にわかる〟というものである。

これから私がやる（つもりで説明する）のは、株価の上下を一〇週連続で正しく予想することだ。これは至難の業《わざ》で、誰かがあなたの前に現れて自分はそれを成し遂げたと言ったら、あなたはそれを真剣に受け止めるかもしれない――次週の予想を聞こうとお金を払うほど。なにしろ、どの株をとっても株価が翌週に上がるか下がるかする確率が半々なら、予想が連続して当たる確率は 1/2×1/2×1/2×……×1/2 のように 1/2 を一〇回掛けた値、すなわちたった一〇二四分の一だ――約一〇〇〇分の一である。

やり方を説明しよう。

まずは銘柄を一つ選ぶ――どれでもいい。次に、何も知らないカモ候補を一〇二四人選び、翌週の株価の動きの予想を送りつける。その際、半数には株価は上がるという予想を、もう半数には下がるという予想を送る。株価は必ず上がるか下がるので、カモ候補の半数、すなわち五一二人にははずれ予想が、もう半数には当たり予想が届く。

翌週、はずれ予想が送られた人のことは忘れ、当たり予想が届いた人だけを相手にする。そのうちの半数、すなわち二五六人に対して私は翌週の株価は上がると予想し、残りの半数には下がると予想する。やはり株価は必ず上がるか下がるので、カモ候補のうち二五六人は当たり予想を受け取り、二五六人がはずれ予想を受け取る。その翌週も同じように、はずれ予想を受け取った人を除外し、残り半数に集中する。という具合に続け、毎回、前の週に当たり予想を受け取った人にだけ新しい予想を出す。

一〇週経ったとき、私が相手にするのは一人だけになる。その他全員がどこかの時点ではずれ予想を受け取っており、私は新しい予想を送るのをやめている。だが、この一人はどう思っているだろうか？　その人から見れば、予想は一〇週続けて当たった。これは大したことに思える。まるで私が株価の動きを予想できる優れた手法なりアルゴリズムなりを知っているかのようだ。そしてこの時点で私は翌週の予想に対して金銭を要求する……。

現実問題として、この一〇週のあいだに上下動の組み合わせのどれかは必ず起こるはずである――これは不可避の法則だ。株価は一〇週続けて上がるかもしれないし、一週めだけ上がってあとは下がり続けるかもしれないし、一、三、七週めは上がってほかは下がるかもしれない……だが、一〇週間で起こりうる上下動の組み合わせは一〇二四通りしかなく、私はそれを網羅した。つまり、起こりうるパターンを最初に一つずつ一〇二四人に配り、起こらなかったパターンを徐々に捨てていき、というのを、実際に起こったパターン一つになるまで——そしてカモがそのパターンを受け取った一人になるまで——続けたのと同じことなのである。

本章の冒頭でも述べたとおり、何か
が必ず起こる。考えられる一〇二四通りの上下動の組み合わせのどれかが必ず起こるはずなのである。だが、(違う)予想を受け取った人が最初は自分のほかに一〇二三人いたなどとは思いもよらない最後の一人にとって、私はその人に株価がどう動くかを伝えただけに見える。予想を受け取っていた人がほかにもいたことを知るに至らない(あるいは疑わない)限り、その人は私が本当に未来を予想できると思うか、あるいは単に運良く確率一〇二四分の一で予想を当てたと思うに違いないのである。

この章では、ありえなさの原理をなすより糸として不可避の法則と選択の法則の二本が登場した。選択の法則については6章で詳しく説明するとして、その前に三本めとして「超大数の法則」を見ていこう。

5章　超大数の法則

運命は可能性を笑う。

――E・G・ブルワー＝リットン

（訳注　一九世紀イギリスの作家。戯曲に記した「ペンは剣よりも強し」という台詞で有名）

四つ葉のクローバーを見つけるにはかなり運が良くなければならない。たいていのクローバーの茎に葉は三枚しかなく、四枚ある確率は一万分の一ほどしかない。だが、見つける人はいる。そして、一万分の一が見込み薄に思えるなら、ルーレットで黒が二六回連続して出る確率となるといっそう見込み薄の気がするだろう――しかし、一九一三年八月一八日にモンテカルロのとあるカジノで、実際に黒が二六回連続して出た。当地のルーレットのホイールには黒と赤のポケットが一八個ずつとゼロのための緑のポケットが一個あり、黒が二六回連続して出る確率は約一億三七〇〇万分の一だ。

これらが幸運な出来事なのに対し、ボールを投げ上げたらワイングラスの中に落ちたというのはずいぶん運が悪い。だが、そうしたことも起こる。一九九九年六月一四日のアリゾナ州で、当時一四歳だったシャノン・スミスという少女が頭に落ちてきた流れ弾で命を落としている（その後、同州は空中に向けた発砲を違法にした）。

アンソニー・ホプキンスがジョージ・ファイファーによる注釈の入ったまさにその『ペトロフカの少女』を見つけた話を覚えているだろうか？　こちらは一九二〇年代のことだが、アメリカの作家アン・パリッシュが夫とパリで本屋巡りをしていて『ジャック・フロスト、その他のお話』という本を見つけた。彼女はそれを夫に見せ、子供のころに大好きだった本の一冊だったという話をした。夫がその本を開いてみると、見返しにこう書かれていた。「アン・パリッシュ、コロラド州コロラドスプリングス市北ウェバー通り二〇九」

本というものには何かあるのかもしれない。最近では、新聞のコラムニストであるメラニー・リードがスコットランドの自宅で蔵書を整理したときのことを書いている。最初に取りかかった棚で、彼女は「L・K・ビーミッシュ」と記された一九三七年の料理本を見つけた。彼女が引っ越してきたとき、いくつかある離れの一棟にあったものだった。こうした珍しいが自分にはなじみのある名字に出くわした偶然が面白くて、彼女はその本をそのころ近所に越してきた友人の作曲家サリー・ビーミッシュに贈った。すると、なんとそのルシカ（L）・キャサリン（K）・ビーミッシュはサリーの祖母で、イングランドで暮らしていたとのことだった。あの本は国から国へ、祖母から孫へ、八〇年以上をかけて数百キロも旅をしていたのである。

もう一つ例を挙げるが、これはもっと些細で個人的な話だ。二〇一二年の初め、私は

「Muir《ミューア》との近況報告ミーティング」という件名の電子メールを受け取った。Muirというファーストネームの人物とのミーティングの日取りを決めてほしいという内容だった。その次に「Miur審議員一覧」という件名のメールが届いた。私はMiurを綴りミスだと思った。ところが、二番めのメールはMinistero dell’Istruzione, dell’Università e della Ricerca（イタリアの教育・大学・研究省）からで、Muirの綴りミスでも何でもなく、まったく関連のないメールだった。この二通のメールが連続して届くという偶然の一致だったのである。

どの例も到底ありそうにない出来事に見える。実際に目にすることなどまるでなさそうな出来事に——ボレルの法則に言わせれば。だが、私たちは目にしている。明らかに何らかの説明が必要だが、しかるべき説明はありえなさの原理の三本めのより糸という形で与えられる。

超大数の法則：十分に大きな数の機会があれば、どれほどとっぴな物事も起こっておかしくない。

3章で触れた大数の法則は（まったく）別の話で、サイズの大きなサンプルの平均値はサイズの小さなサンプルの平均値より揺らぎの幅が小さい、というものである。

生涯で一本しか見たことのないクローバーに葉が四枚付いていたら本当に驚くだろう——先ほど紹介したとおり、ランダムに選んだクローバーの茎に葉が四枚付いている確率は一万分の一なのだから。だが、あなたがクローバーの葉を気にかけるタイプだったなら、見たことのある数は一本ではないはず。それどころか、クローバーの葉を目にしたときには探ししていて、まれな四つ葉が見つかることを願いつつ、おそらくは数本と言わずたくさんのクローバーに目を向けている。さらに言えば、クローバーが生えている場所で一人で探すのではなく、同じように四つ葉が見つかりはしないかと期待している人と一緒に探していそうなものだ。そしてもちろん、四つ葉のクローバーを探したことがあるのはあなたとお仲間だけではない。大勢が、何度も、世界中（の生えている場所）で同じように探し回っている。こうした機会をすべて数え合わせれば、誰かが、いつか、どこかで見つけていそうな気がかなり強くしてくるだろう。それどころか、十分に多くの人が膨大な回数だけ探すなら、見つけた人がいるという事実はまったく驚きではない。避けがたいことにさえ思えてくる。これも超大数の法則の表れだ。

同じような説明が前出のほかの例にも当てはまる。MuirとMiurのメールが受信箱で並んでいるところを見て、私は最初〝なんと珍しい〟と思ったが、よく考えてみれば、毎日五〇〜一〇〇通の電子メールをもう何年も受け取り続けているのだから、こうした偶然の一致が起こっても不思議はなかった。同じように、世界中のカジノのルーレット台ではクルピエがホイールを何度も何度も、来る日も来る日も回している。これまでルーレットのホイールが二六回連続して回されたことは数え切れないほど——一億三七〇〇万回よりは確実に途方もなく多く——あったのだから、一億三七〇〇万分の一の確率で起こる物事はいつかどこかで目にしそうなものだ。一九二〇年代に起こったアン・パリッシュの偶然の一致についても、このような偶然を探す期間を十分長く取れば、そうしたことが、起こっておかしくない、「超大数」の名にふさわしい膨大な数の機会を手にすることになる。起こりうる機会の数が十分にあるなら、偶然の一致が起こっても驚くことはない。

超大数の法則の必然的な帰結をよくわかっていた数学者ならこれまでにもいた。一九世紀にはオーガスタス・ド・モルガンが次のように記している。「十分な回数の試行を行なえば、起こりうるいかなる物事も起こる」[1]。二〇世紀にはJ・E・リトルウッドがこれをさまざまに言い換えており、一九五三年にはこう書いている。「一生のうちから選ぶなら、10^6:1［というオッズの出来事］も些細なことでしかない」[2]。人生は大小さまざまな出来事に満ちあふれている。そうした数多くのなかから選ぶとなれば、驚くべきことが起こっていても不思議はない。それだけ取り出して見るとどれほど起こりそうになくても。

超大数の法則の働きはロトを通じて見て取ることができる。前章に登場した国際ロト基金のコンソーシアムのように大量の抽選券を買ったりしないなら、あなたがロトに当たる確率はごくわずか、二回当たる確率ともなれば天文学的に低い。だが、エヴリン・マリー・アダムズはニュージャージー州ロトに四カ月で二回、まずは一九八五年に、次は年明けに当たり、合わせて五四〇万ドルを手にした[3]。このわずかな期間に二回当たる確率は約一兆分の一である[4]。

ロトに超大数の法則が当てはまるのは、ニュージャージー州ロトが世界で唯一のロトではないから、彼女がニュージャージー州ロトの唯一の買い手ではないから、そして彼女が生涯で買った抽選券がおそらく二枚ではないからである。世界中で運営されているロトの数、その購入者の数、彼らが購入する抽選券の枚数、そしてロトが販売される週の数、と考え合わせていけばあっという間に超大数の域だ。個々の事象の確率が途方もなく低くても、そうした事象を十分な数だけ集めれば、そのうちの一つが起こるという確率はきわめて高くなる。それを思うと、誰かがどこかでいつかロトに二回当たっても不思議ではない。そういうことは起こるはずとさえ言えそうだ。

　ならばもうこんな話を聞いても驚かないだろう。カナダのブリティッシュコロンビア州のスキーリゾート地であるウィスラー在住のある人物が、たった二年のうちに二つのロトに当たり、サリー記念病院ロトでは一〇〇万ドルを、ブリティッシュコロンビアがん基金ライフスタイルロトでは二二〇万ドルを手にした。また、カナダのアルバータ州のモーリスとジャネットのガーレピー夫妻は、カナディアンロト6／49に二回当たっている。

　二等は数が一部一致している（六個すべてではなく五個など）と支払われる。これを「当たる」の意味に含めると（やはり額は相当なものだ）、該当する組み合わせの数はさらに増える。実はこちらはありえなさの原理のより糸を二本よったことに相当する。その二本とは超大数の法則と「近いは同じの法則」で、後者については8章で説明しよう。

　二〇〇七年四月、カナダのオンタリオ州北東部のカークランドレイクに暮らすロバート・ホンが、カナディアンロト6／49の二等に当たって三四万ドルを手にし、さらに同じ年の一一月にジャックポットの一五〇〇万ドルに当たった。二〇一一年六月、イギリスはゴスポート在住のマイク・マクダーモットが15、16、18、28、36、49という彼のお決まりの番号で、本数字五個とボーナス数字の一致で一九万四五〇一ポンドを獲得した。そして二〇一二年五月には同じ番号で同じ賞を再び当て、そのときは一二万一一五七ポンドをもらっている。もう少し最近では二〇一二年四月七日、バージニア・パイクはバージニア州ロトの二枚の抽選券で六個の本数字のうちどちらも五個が一致していたおかげで一〇〇万ドルずつ手に入れた[5]（個人的にはバージニア州ロトをバージニアという名前の人が当てる確率に興味津々なのだが、話が別になる）。

ロトに二回当たる人はいる。だが、もっと奇妙に見えることも起こっている。次の節では、「組み合わせの法則」が超大数の法則の力をいっそう強める役目を果たして、きわめてありそうにない物事がほとんど避けられなさそうに思えてくる仕組みを見ていく。

数を超巨大にする

超大数の法則によれば、出来事をこれと決めて十分な数の機会を与えたなら、一回の機会でどれほど起こりそうにないことでも起こるものと思うべきである。だが、私たちは時として欺かれる。機会が本当はたくさんあるのに少なそうに見えることがある。そうなると、事象の確率をずいぶん低く見積もってしまう。本当はとても起こりやすく、確実とさえ言えるかもしれない物事を、ほとんど起こりそうにないと思うのである。ありえなさの原理をなすより糸の一本である「組み合わせの法則」は、機会の数を陰で爆発的に増やすことがある。この法則によると、影響を及ぼしあう要因の組み合わせの数は要因の数とともに指数関数的に増える。その有名な例が「誕生日の問題」だ。

この問題はこう問う。一つの部屋に誕生日の同じ二人がいる可能性のほうがいない可能性より高くなるには、部屋に何人いなければならないか？

答えはたった二三人だ。二三人以上が同じ部屋にいれば、誕生日の同じ二人がいる確率のほうがいない確率より高いのである。

この問題を初めて知った読者にとっては、ずいぶん驚きの答えだろう。二三人は少なすぎに思えるかもしれない——おそらく次のように考えて。自分以外の誰かの誕生日が自分と同じである確率は三六五分の一だ。よって、誰の誕生日も自分と違う確率は364/365である。部屋にn人いたとすると、自分以外の$n-1$人それぞれについて誕生日が自分と違う確率は364/365だから、$n-1$人全員の誕生日が自分と違う確率は

$$364/365 \times 364/365 \times 364/365 \times 364/365 \times 364/365 \cdots \times 364/365$$

という、364/365を$n-1$回掛けた数になる。nが23なら、計算結果は0.94だ。これは誕生

日が自分と同じ人が誰もいない確率なので、誕生日が自分と同じ人が一人でもいる確率は、単純にそれを1から引けばいい（これは不可避の法則の帰結である。誕生日が自分と同じ人は誰かいるか誰もいないかのどちらかなので、この二つの事象の確率を足せば1になる）。というわけで、$1-0.94=0.06$ となる。この値はずいぶん小さい。

だがこの計算は間違っている。その確率――誰かの誕生日があなたと同じである確率――が問われているわけではないからだ。問われているのは、誕生日が同じ任意の二人が一つの部屋にいる確率だ。そこにはあなたと同じ誕生日の人がいる確率も含まれており、それが先ほどの計算結果なのだが、問われている確率にはこのほかに、あなた以外の二人以上の誕生日があなたとは違う日で同じというケースも含まれている。そして、ここで組み合わせの数が効いてくる。あなたと誕生日が同じ可能性のある人は $n-1$ 人しかいないが、部屋には合わせて $n\times(n-1)/2$ 組のペアが存在する。この数は n が大きくなるにつれて急激に大きくなる。n が23ならペアの数は二五三組で、これは $n-1$、すなわち22より一〇倍以上大きい。別の言い方をすると、部屋に二三人いるなら考えられるペアは二五三組あるが、そのうちあなたが含まれるペアは二二組しかない。

では、部屋にいる二三人のあいだで誰の誕生日も同じでない場合について考えてみよう。ある二人について、片方の誕生日がもう片方と同じでない確率は364/365だ。次に、その二人の誕生日が違い、かつ三人めの誕生日が二人のどちらとも違う確率は364/365×363/365である。同じように、この三人の誕生日が違い、かつ四人めの誕生日が三人の誰とも違う確率は364/365×363/365×362/365となる。こうして考えていくと、二三人のあいだで誰の誕生日も同じでない確率は次のように表される。

364/365×363/365×362/365×361/365…×343/365

計算すると0.49だ。二三人のなかで誰の誕生日も同じでない確率が0.49なので、このなかの誰かと誰かの誕生日が同じという確率はこの確率を1から引いて得られる0.51であり、半分を上回っているのである。

組み合わせの法則の別の例として、話をロトに戻そう。二〇〇九年九月六日、ブルガリア国営ロトは当選番号としてランダムに4、15、23、24、35、42を選んだ。これらの数に特に驚くようなところはない。出現した数字がどれも小さい――1、2、3、4、5のどれかだ――が、そう珍しいことではない。また、23と24という連続する二つの数があるが、こうした連続は一般に思われているよりはるかに頻繁に起こる（誰かにたとえば1～49のなかから数をランダムに六個思い浮かべるよう頼んだ場合、連続する二つの数が選ばれる頻度はまったくの偶然にまかせた場合より低い）。驚くべきことはその四日後に起こった。二〇〇九年九月一〇日、ブルガリア国営ロトは当選番号としてランダムに4、15、23、24、35、42を選んだ――前回とまったく同じだったのである。この出来事に当時のメディアは大騒ぎした。「このような事態は五二年の国営ロト史上初めてです。こうした尋常ならざる偶然の一致を目にして言葉を失うばかりですが、実際に起こったのです」というのがスポークスマンの弁だった。同国のスポーツ大臣スヴィーレン・ネイコフは調査を命じた[6]。大がかりな不正行為でもあったのだろうか？　前回の番号が何らかの方法でコピーされた？

実はこのあっけに取られるような偶然の一致は、組み合わせの法則によって超大数の法則がいっそう強められただけのことで、これもありえなさの原理の一例にすぎない。第一に、繰り返すが、世界中で数多くのロトが運営されている。第二に、それらの抽選が年中次々と行なわれている。そのため当選番号が繰り返されうる機会の数はあっという間に膨れあがる。そして第三に、組み合わせの法則が効いてくる。毎回の抽選結果は、過去の任意の抽選結果と同じになる可能性がある。一般には誕生日の問題の場合と同じで、くじをn回抽選したなら一致する可能性のある結果のペアは$n \times (n-1)/2$組ある。

ブルガリア国営ロトは6／49なので、任意の六個の組み合わせが出る確率は一三九八万三八一六分の一である。つまり、任意の決まった二回で当選番号が同じになる確率は一三九八万三八一六分の一だ。では、三回の抽選のうちどれかの二回で同じになる確率はいくらか？　あるいは、五〇回の抽選のうちどれかの二回で同じになる確率は？　三回の抽選で可能なペアは三組だが、五〇回では一二二五組ある。組み合わせの法則が効いてくるのである。さらに進んで一〇〇〇回ともなると、可能なペアの数は四九万九五〇〇組にもなる。言い換えると、抽選の回数を五〇から一〇〇〇へと二〇倍したことがペアの数に与える影響はずいぶん大きく、一二二五組から四九万九五〇〇組へと、ほぼ四〇八倍になっているのだ。そろそろ超大数の法則の域に入りつつある。

同じ六個の数を選ぶ確率が二分の一を超える――この出来事が起こる可能性のほうが高くなる――には何回の抽選が必要だろうか。誕生日の問題と同じようにして解くと答えは四四〇四回だ。抽選が毎週二回、年間で一〇四回行なわれるとすると、この回数の抽選には四三年かからずに達する。つまり、四三年が過ぎると、抽選機によって選ばれた六個の数のどれか二組がまったく同じという事態が起こる可能性のほうが起こらない可能性より高くなるのだ。この事実は尋常ならざる偶然の一致としたブルガリアの大臣のコメントとは趣《おもむき》がずいぶん違う！

そして、話をたった一つのロトに限定してもこれだけ可能性があるわけで、世界中で運営されているロトの数を思うと、同じ当選番号がたまに繰り返されることがないほうが驚きだ。なので、イスラエルの国営ロトであるミファルハパイスで二〇一〇年一〇月一六日に選ばれた数――13、14、26、32、33、36――がその数週間前の九月二一日の当選番号とまったく同じだったと知っても驚かないだろう。あなたは驚かないと思うが、イスラエルでは大勢がラジオ局の聴取者参加型の番組に電話をかけ、あれは不正だと文句を言った。

ブルガリア国営ロトのケースが尋常ではなかったのは、同じ当選番号が続いたことにある。だが超大数の法則に、世界中の数多くのロトで番号が次々選ばれているという事実を考え合わせれば、私たちはそれほど驚く必要はなく、その前にも起こったことがあると聞いても面食らうことはない。たとえば、ノースカロライナ州のキャッシュ5では二〇〇七年七月の九日と一日の当選番号が同じだった。

組み合わせの法則がロトの当選番号を一致させるといっても、がっかりさせられる一致のさせ方もある。一九八〇年にモーリーン・ウィルコックスの身に起こったのがそれだった。彼女が買った抽選券には、マサチューセッツ州ロトの当選番号が印字されたものとロードアイランド州ロトの当選番号が印字されたものがどちらもあった。ところがツイてないことに、ロードアイランド州ロトの当選番号が印字されていたのはマサチューセッツ州ロトの抽選券、マサチューセッツ州ロトの当選番号が印字されていたのはロードアイランド州ロトの抽選券だったのである。一〇種類のロトの抽選券を一枚ずつ買ったなら、当たる機会は一〇枚分ある。一方、一〇種類を一枚ずつ一〇枚ということは四五通りのペアがあり、一〇枚のどれかに一〇種類のロトのどれかの当選番号が印字されている確率は当たる確率の四倍を上回っている。言うまでもなく、これは巨万の富を手に入れる方策ではない。なにしろ、あるロトの抽選券に記載された数がほかのロトの当選番号と一致してもまったくお金にならないのだから――宇宙が自分をもてあそんでいるのではという疑念が湧いてくるだけである。

組み合わせの法則が効くのは、関わる人や物事が多いケースだ。たとえば、生徒が三〇人いるクラスについて考えてみよう。生徒たちが課題に取り組むときの人数はいろいろ考えられる。一人で取り組むこともあろう――三〇通りある。ペアになることも考えられる――組み合わせは四三五通り。三人組みもありだ――四〇六〇通りになる。こんなふうに続き、最多はもちろん全員が一緒に取り組む場合で、三〇人全員というのは一通りだ。合計すると、生徒のグループとして考えられる組み合わせは一〇億七三七四万一八二三通りになる。たった三〇人に対して一〇億を超えるのである。一般に、n個の要素からなる集合には2^n-1通りの部分集合が考えられる。$n=100$なら、$2^{100}-1$で約10^{30}通りという、誰にとっても超大数という数になる。

10^{30}ではまだ超大数と言えないと思うあなたは、ワールドワイドウェブが含意するところを考えてみよう。世界には約二五億人のユーザーがいて、各人全員がほかの誰とでも交流しうる。その数はペアだけでも3×10^{18}通り、考えられる交流グループは$10^{750000000}$通りある。ボレルによる超宇宙的な尺度で無視できる確率の定義を覚えているだろうか。確率がここまで低い事象も、起こる機会をこれだけ多数与えればほぼ確実になるのである。

サイコロを転がす

前にも触れたが、私は膨大なサイコロコレクションを持っている。その一つが珍しいことにまったく同じ面を一〇面もつ対称的な形をしている。ここで、あなたが立体幾何学の専門家なら、この説明は舌足らずだと思うだろう。まったく同じ面を一〇面もつ三次元で対称の形状は存在しないのだから。あなたからの信頼を失わないようにするには、最初から次のように説明すべきだった。すなわち、このサイコロは実は筒形で、断面は十角形、両端が丸みを帯びており、転がすとまったく同じ一〇面のどれかで止まるようになっている。各面には0、1、2、3、4、5、6、7、8、9という数が書かれている（これをもって一〇個の結果の一つを等確率で出せるサイコロを持っていると言われても納得できないなら、私のコレクションには正二十面体のサイコロもいくつかあることをご紹介しておく。当然、形も大きさも同じ面が二〇面ある。同じ数を二つの面に書いておけるので、こちらを使っても0、1、2、3、4、5、6、7、8、9を等確率に出せる）。

さて、このサイコロを二回投げ、同じ数が出たとする。少し驚くかもしれないが、椅子から転げ落ちたりはしないだろう。そういうことはあるものだ。

だが、この一〇面サイコロをもう一回、さらにもう一回と、合計六回投げたとしよう。最初の二回で同じ数が出る確率は単純に一〇分の一だ。最初に何が出ても、二回めでそれと同じ数が出る確率は一〇分の一だからである。同じように考えると、六回続けてのサイコロ投げですべて同じ数が出る確率は単純に1×10×10×10×10×10（10を五回掛けた値、短く書けば10^5）分の一、つまり一〇万分の一、あるいは0.00001である。この確率値はきわめて小さい。同じ数が六回続けて出るのを目にしたら、あなたは何か怪しいという気がしてくるかもしれない。このサイコロは必ず同じ数が出るようにできているとか（2章で触れたマイビギナーズダイスを覚えているだろうか。あれは六面すべてが6になっている）。いずれにしても、あなたは説明を探し始める。

別の見方をしてみよう。特定の数の並びがほかの並びより出やすいと考える理由はない。

なので、六個の数の並び786543が出る頻度は225648や111654などと同じはずだ。また、000000が出る頻度もほかのどれとも違わないはずで、111111、222222などについても同様である。六個の数の並びは合わせて何通りあるか？　一つめの数の起こり方は一〇通り、二つめの数の起こり方も一〇通りある。よって、最初の二桁の組み合わせは10×10=100通りだ。うち一〇通り、すなわち00, 11, …, 99が同じ数になっている。一〇〇通りのうちの一〇通りは1/10で、これは前にも出てきたサイコロ投げ二回で数が同じになる確率である。六回投げる場合についても同じように計算すると、数の並びは10^6通りで、そのうち数がすべて同じなのは一〇通りしかない（すべてが0、1、2、……、9）。よって、すべて同じ数になる確率は10^6分の一〇、すなわち一〇万分の一で、これも前に出てきたとおりである。というのは理論上の話。現実には、どんな見方をするにせよ、私が一〇面サイコロを六回投げて毎回同じ数が出るところを見たら、あなたはいったいどうやったのかと考えるだろう。

　ここで、次のようなバリエーションを考えてみる。私だけではなく一〇万人がそれぞれ一〇面サイコロを六回投げるとする。それを繰り返すところを想像してみよう。毎回、一〇万人のやる気満々のボランティアが各自のサイコロを六回投げるのだ。同じ数を六回とも出した人がいないこともあれば、一〇万人のうち数人がやってのけることもある――二人が7を六回、一人が1を六回とか。同じ数が六回出る確率は0.00001なので、平均するとそうした並びは一〇万人のボランティアのうち一人が出すことになる。これは平均であって、全員がサイコロを六回投げて誰もそんな並びを出さないこともあるし、一人だけ出すことも、二人以上が出すこともある。ここで、六回すべてで同じ数が出てもまったく驚くには及ばない。超大数の法則によれば、サイコロを転がす人が十分たくさんいれば、そうした結果を目にすることもあるはずである。

一方、現実にはどういうことになりうるかを想像してみよう。この一〇万人が大きな会場に集まり、例のサイコロを六回投げる。ほとんどの人には特に面白みのない数が出て、それらは注目を集めない。だが、偶然にもすべて同じ数を出した——すべて0、すべて1、すべて2など——誰かについてはどうだろう？　こちらは間違いなく注目を集める。その人は同じ数を出す超自然的な能力を持っているかのように見える。テレビ局のクルーが群がる。その人がどうやって成し遂げたかについてあれこれ仮説が立てられる。あれは奇跡か？　その人はズルをしたのか？人間という詮索好きの動物は、説明を探し求めずにはいられない。

そうした目立つ結果が出ず、そのルを去り、あの結果だけしかなかったように見えたなら、世間は何か尋常ではないことが起こったと思うかもしれない。新聞やテレビ、ブログやツイートは、この珍しい結果だけを伝える（きっと「億に一つの確率」などと水増しして）。「ランダム」に見えるパターンを出したほかの九万九九九九人のことは忘れられる（結果の一部を選択的に忘れることもありえなさの原理の一面で、「選択の法則」という——これについては6章で取り上げる）。

とはいえ、偶然が絡む問いに対してもっと科学的なアプローチを採り、このメディア界の新スターがもつサイコロ投げの腕前を検証したくなるかもしれない。その人にサイコロをもう六回投げてくれと頼むなどして。あなたはどうなりそうだと思うだろうか？　そもそもあの結果が出たのはまったくの偶然だったのだから——一〇万人のうちの幸運な一人がその人だったにすぎない——、月並みな真実として、次の六回で一〇種類の数を基に作られるどの並びが出る確率も同じだ。同じ数が六回続かない可能性のほうがはるかに高い。なにしろ、続かない確率が0.99999なのに対し、続く確率は0.00001しかない。この効果は「平均への回帰」と呼ばれており、もう六回投げればその人は大勢の平凡なボランティアの一人に戻る可能性がはるかに高いという事実を物語っている。平均への回帰は選択の法則の一面である。

この例は現実離れしていると思うかもしれないが、まさにこう見えるESP実験をあとで紹介しよう。だが次の実例では、先ほどのサイコロ投げほど極端な偶然は絡まない代わりに、生死が関わっていた。

第二次大戦中にドイツが使った兵器にV‐1という飛行爆弾があった。これは小型の無人ジェット機で、火薬を満載してドーバー海峡の向こうのロンドンめがけて発射されていた。着弾地点は往々にしてかたまっていそうに見え、多くが互いに近かった。そのことから、この爆弾機は正確に狙えるのかという疑問がもたれた。実際には、こうした爆弾が十分な数だけあれば、いくつかが偶然互いに近い地点に着弾することが予想される——これも超大数の法則による（もっとも、このケースでは超までいかない大数でも疑問がもたれるのに十分だったが）。とにかく、あれは狙った結果か、それとも偶然なのか？

一九四六年、R・D・クラークという保険数理士協会の特別会員がこの問題に取り組み、一四四平方キロをカバーするロンドンの地図を四分の一平方キロの小さな五七六区画のマスに区切り、それぞれに着弾した爆弾の数を数えた。着弾がランダムだったなら、着弾なし、一発、二発、などを示すマスのおおよその数を予測できるはずだった（偉大な数学者シメオン＝ドニ・ポアソンにちなんで「ポアソン分布」と呼ばれている統計分布に従って）。その結果、クラークは意図的な集中は見られず、よって爆弾は正確に狙われたわけではないと結論付けた。[7] 世間が見つけたと思っていたかたまりらしきものは純粋に爆弾の数に起因しており、ありえなさの原理で説明できる話だったのである。

スキャン統計と〝どこでも効果〟

前節の冒頭で見たとおり、一〇面のサイコロを六回投げて同じ数が六回続けて出る確率は一〇万分の一しかない。ここではその実験を拡張する。六回投げたところでやめずに投げ続けるのである。たった六回ではなく、二〇回、一〇〇〇回……と六〇万桁の並びが得られるまで（私には時間ならたっぷりある）。さて、この六〇万桁のどこかに六個続けて同じ数が並ぶ確率はいくらだろうか？

この手の問題——特定のデータが大規模なデータセットのどこかに出現する確率はいくらか？——はさまざまな状況でもち上がる。たとえば、クレジットカード取引での不正、コンピューターネットワークへの侵入、心電図の異常、エンジンの障害など、多種多様な分野で何かを検出しようという場面がそうだ。その際には注意が必要である。超大数の法則によれば、特定のパターンは見つかるものと思っていなければならない。よって次の問いが重要となる。数字の長い連続のなかから特定のパターンがまったくの偶然で見つかる確率はいくらか？　そしてもう一つ——それは予期されるより多く見られているのか？　予期されるより多いなら、偶然ではない何らかの原因を疑う根拠になる。

この問いに答える一つの方法として、六〇万回のサイコロ投げを六桁のブロック一〇万個の連なりに分けることがまず考えられる。たとえば、六〇万個の数からなる並びが988377770322611287……で始まっているなら、988377, 777703, 226112, 87…という具合に分けられる。そして前に見たとおり、この一〇万ブロックのどこかに同じ数の六個続きがあるはずだ。さらに言えば、こちらも先ほど見たとおり、一〇万個中にそうしたブロックは平均して一個ある。

サイコロを単純に六〇万回投げると、同じ数の六個続きがブロックをまたぐかもしれないのだが、厄介なことに、並びをブロックに分けるとそれが許されなくなる。現に前出の並びでも起こっており、7の六個並びが最初と二つめのブロックをまたいでいる。同じ数が六個続けて並ぶ確率を見積もるためのこの方法ではそうした出現が許されず、六〇万回投げたうちにどこかで六回続けて同じ数が出る確率を大幅に低く見積もることになる。ブロックをまたぐことを許すと、そうしたケースを無視する場合に比べて六個続けて同じ値が出る確率がはるかに高くなるのだが、それはそうしたほうが六個続けて同じ数というかたまりが生じる機会が多いからという単純な理由による。

並びの任意の位置で六個続けて同じ数になっている部分を探す場合、その基本戦略は、長さが六桁分の窓を六〇万桁の数の先頭から末尾まで少しずつスライドさせながら、同じ数が六個含まれている頻度を数えることである。六〇万桁がランダムに生成された場合にそれがどれほど頻繁に生じるかを見積もる方法は統計学者がすでに編み出しており、窓でデータが走査されることから「スキャン統計」と呼ばれている。

さて、このサイコロの例が人為的に思えるなら、次の例を考えてみよう。

一九九六年二月二三日、《USAトゥデー》紙に「F-14が再び墜落、配備解除へ」という見出しが躍った。記事によると、F-14戦闘機が二五日間で三機墜落しており、米国海軍による同型機の飛行見合わせに発展した。グラマン社のF-14トムキャットは米国海軍が採用していた二人乗りの超音速戦闘機で、一九七〇年から二〇〇六年まで運用され、七一二機が製造された。墜落は一九七〇年一二月三〇日に始まって合計一六一機を数えている。墜落間隔の平均は七〇日だった。

ここで、この手の飛行機がときおり墜落することがあっても驚くべきではない。なにしろ、劣悪で予測が付かず何が起こってもおかしくない環境で、限界ぎりぎりの飛行をすることが多いのだ。それでも、あれほどの短期間に三機というのは疑念を抱かせる。墜落の陰に何か隠れているのかもしれない。もしかすると共通の原因があるのか。

この件を調査するには、一九七〇～二〇〇六年の期間をたとえば月単位に分け、前節で触れたポアソン分布を用いて一ヵ月に三機墜落する確率を推定するという手がある。なかなか良さそうなのだが、サイコロの例と同じで、月をまたぐ短い間隔の墜落が見逃される。これより優れた手は、一九七〇～二〇〇六年の期間を長さ一ヵ月の窓でスキャンし、少しずつスライドさせるたびに範囲内で起こった墜落を数えることだ。こうして得られた数と偶然として予期される数とを比べ、偶然として予期されるより墜落が多い窓を探す。実際、F-14の墜落に関してはこれが行なわれた。その結果、ある五年間におけるどこかの一ヵ月に三機が墜落する確率は二分の一をゆうに超えていた。海軍が飛行を差し止めたほどの疑惑だったが、三機が短期間で墜落するなど偶然のはずがないという考えには何の根拠もなかったのである。

サイコロとF-14は一次元の例で、関連していたのは連続する出来事だが、同じ考え方は二次元以上の場合にも応用できる。

特定の病気にかかった人全員の住居を印した地図を検証しているとする。なかには外的な要因――汚染など――によって引き起こされた病気もあろう。そうした事例では、症例の局地的なかたまり《クラスター》が見られると予想される。悲惨な例がかつて日本の水俣湾周辺で起こった。チッソ社の化学工場からの廃液に三六年もの年月にわたって含まれていたメチル水銀が付近の食物連鎖に入り込み、まず貝や魚に、そしてそれを食べた動物や人間に蓄積した。数千人が悪夢のような症状に苦しみ、最悪の場合、死に至った。

これをふまえると、疾病クラスターを探すことがこうした環境病のリスクを見いだす方法に思えてくるかもしれない。

疾病クラスター絡みでは英語版《ハフィントンポスト》にこんな記事がある。「［二〇一〇年］一二月、オハイオ州クライドの半径二〇キロ弱の範囲がクローズアップされた。そこでは一四年間で三五人の子供ががんと診断されていた。伝えられるところによれば、住民はちょっと咳が出ただけで怖がり、親は単なる鼻炎や胃痛さえ気に病んだ」。同記事はさらにこう続ける。「［二〇一一年］三月二九日、天然資源保護協議会（NRDC）と全国疾病クラスター同盟はアメリカ国内の一三州で合わせて四二のそうした疾病クラスターを特定した[8]」

ここまではいいが、状況は複雑だ。前出の一次元の例と同じく、私たちは局地的な疾病クラスターがまったくの偶然でも生じるものと見込むべきであり、このケースでもやはり、クラスターが偶然の産物なのか、それとも背後に原因があるかの判断が問われる。そして一つの解決策がやはりスキャン統計で、現れた数々のクラスターがまったくの偶然で生じうるかどうかを教えてくれる。

問題が二次元なら、期間ではなく二次元の窓を、たとえば一〇マイル（一六キロ）四方の正方形をアメリカの地図の上でスライドさせる。この正方形を地図上でスライドさせながら、確認された症例を数えるのである。偶然見られると予期される最大数より症例がはるかに多い場所があったら、そこには共通の隠れた原因があると疑える（日本で貝に蓄積した汚染のような）。

《ハフィントンポスト》の記事にあるがん診断数の事例もそうだが、時間的な位置と地理的な位置が両方関わることがあり、そうなると問題は本質的に三次元となる。その場合は、限られた期間内に狭い地理的範囲の中で症例数が過大になっている場所を探すことになる。この考え方は、二〇〇二〜二〇〇三年のＳＡＲＳ（重症急性呼吸器症候群、八〇〇〇人以上が感染、七〇〇人以上が亡くなった）や二〇〇九年のＨ１Ｎ１「豚インフル」のような大流行を初期の段階で検出するうえでたいへん重要だ。クラスターを早いうちに特定し、それが〝共通の原因による本当の大流行であって、ランダムな出来事が偶然重なっただけではない〟と確認することがきわめて重要なのである。

最後の例として、最先端の大掛かりな物理学研究に目を向けよう。そうした研究では超大規模なデータセットから特異的に密なデータクラスターを探すことが多い。クラスターがどこにありそうかわかっているなら分析は単純明快なのだが、どこに出現するかわからない場合は先ほどとまさに同じ話になる。それを見事に体現しているのがヒッグスボソン探しで、求める現象の証拠を検出すべく膨大な量のデータをくまなく探し回らなければならない。たとえば、データから得られる「質量スペクトル」には、一連の実験で観測された各質量の粒子の数が示される。理論的には、ある特定の質量にピーク――特異的に大きな粒子数――が見られて分析は比較的簡単なはずだ。だが、ピークがどこにあるはずなのかがよくわかっていない。そのため、現状では特定の質量範囲内で粒子数のピークを探さなければならない。そしてこれにより、疾病クラスターやＶ－１ロケットの着弾地点の場合と同様、ピークがまったくの偶然で得られる可能性が出てくる。

素粒子物理学者は目を引く名称を付けるのがとてもうまく、大量の候補を検証した結果からまったく偶然生じたクラスターが見つかることを「どこでも効果《ルック・エルスホエア・エフェクト》」（LEE）と呼んでいる（訳注　「どこでも」の意味合いについては、二一九頁の説明を参照）。

聖書の暗号、ゲラーの数、πの必然性

前節のような類いの問いは至る所に顔を出す。例にはほかにも、特定の場所でなされたり立て続けになされたりした複数の自殺、写真フィルムに形成される銀のしみのクラスター、スウェーデンにおける炎症性腸疾患患者の生年月日クラスター、鉱物結晶に含まれる欠陥のクラスター、通信ネットワークにおける通話の密なクラスター、天文データベースにおける互いに距離の近い銀河からなるクラスターなどがある。

どの例においても関心の的は事象のクラスターだが、この考え方は一般化してほかのパターンも対象にできる。十分な数の機会があれば、いずれどのようなパターンも目にすることになる——超大数の法則の言うように。

その空想的な例にいわゆる「聖書の暗号」がある。これはヘブライ語の聖書に未来の出来事を予言するメッセージが隠されているという主張だ。たとえば、創世記で最初のｔから文

字を五〇文字ごとに拾っていくとヘブライ語のtorah（律法）という単語が綴られる。これは昔から言われていることで、似たような話はほかの聖典にもあり、キリスト教やイスラム教の聖典も例外ではない。一九九〇年代後半にマイケル・ドロズニンが『聖書の暗号』（木原武一訳、新潮文庫）を刊行すると、こうした現象に対する関心が急激に高まった。だがドロズニンにとってあいにくなことに、超大数の法則をふまえると、隠れたメッセージなど存在しない――ありえなさの原理が働いているだけのことである。

聖書には多数の文字が含まれているので、意味のある並びを探せる場所も多い。聖書のどの文字を指しても、そこを始点に多種多様のパターンを試せる。たとえば「等距離文字列法」というアプローチを採って、文に沿って横方向に、あるいはページ上で隣り合う行の文字位置がそろっているなら縦方向や対角方向に、文字を等間隔に拾っていくという手がある。検証に付すことのできる可能な並びやパターンは無限にあり、よって意味のありそうな並びが見つからないほうが異常だろう（それどころか、そうした並びが何も見つからないなら、それこそ何か怪しいことの、あるいはまだまだ探し足りていないことの証拠だ！）。

私に言わせれば眉唾ものだが、一説によるとチャールズ・ディケンズは秘密の情報を伝えようとしており、たとえば『ピクウィック・ペーパーズ』（田辺洋子訳、あぽろん社など）には（空白も一文字と数えた）中三文字の間隔で、第4章にfate（運命）という単語が"the most **awful and tremendous** discharge that ever shook the earth"という部分に、第5章にはdoom（破滅的運命）という単語が"**closed** upon **your** **miseries**"という部分に隠されているという。

面白そうなので執筆中に本書の原稿を探してみたところ、2章の「シンクロニシティー、形態共鳴、ほか」の“than he could explain by chance”という部分に中四文字のh、e、l、pの文字でhelpというメッセージが隠れていた。さらに、本章の「スキャン統計と〝どこでも効果〟」の“that we would expect to see”にも再び現れる。つまり“help, help”だ。ということは、私の本にもメッセージが隠れており、助けを求めて叫んでいる！

いわゆる秘密のメッセージを探す方法としては、古代の（あるいは現代の）テキストに隠されたパターンを探すというほかにも数秘術を使うという手がある。

「数秘術」とは数の神秘的あるいは魔術的な性質の研究である。あいにくこれは不毛な試みで、それは数というものにそうした性質は何もないという平凡な真実による。それどころか、「数」というものの定義そのものからして、唯一の性質は大きさの度合いだ。それが数なのであり、三匹の羊、三分、三回の叫びなどに共通する何かを抽出している。にもかかわらず、人類はその歴史を通じて数に神秘的な重要性を与えてきた。そして今でも「ラッキー」ナンバーなどと口にする。

数秘術の大半が、同じ数の出現という偶然の一致に基づいている。だがもう見てきたとおり、十分に長いこと油断なく待っていれば、超大数の法則の言うとおり、そうした偶然の一致は起こるものである。

数秘術の不合理さを示す例を一つだけ挙げよう。2章に登場したユリ・ゲラーは11：11という数の並びをずいぶん気に入っており、この並びが自分の人生にいかに繰り返し出現しているかを示す例をいくつも挙げている。(9) 問題は、彼の知名度が非常に高く、そのため機会の数が膨大になって超大数の法則が効いてくる点にある。彼はこう語る。「ここ数年、私のもとにはまったく同感というほかの人からの電子メールがそれこそ殺到している。たとえば、ある友人からのメールに添付されていた写真を見ると、搭乗券が111番だった――そして、『たまたま』一機前を移動していた飛行機の彼から見える側に印されていたコードが11：11だった――そしてさらに、その飛行機が牽引された先は11番搭乗口だった。これがすべて、友人がそのとき乗っていたキプロス行きの便で起こったのである」。だが読者のみなさんはお気づきのように、こうした並びが生じうる機会の数は膨大だ――それにゲラーの友人はこのパターンに当てはまらない並びについては一切メールしてこない。

世界貿易センタービルへの攻撃は九月一一日に起こり、ゲラーにさらなる数秘術の余地を与えた（のだが、「11.11がこの空恐ろしい惨事をめぐってあちこちで見つかっており、この攻撃によって悲劇的に命を落とした人びとが無駄死にではなかったかもしれないという希望で私を満たしてくれる」という彼の論理が私にはさっぱりわからない）。彼は次のように記している。(10)

- 攻撃の日付：9/11. 9＋1＋1＝11.
- 9月11日で、一年の残りは111日だった。
- 9月11日は一年の254日めだった：2＋5＋4＝11.

・バリ島での爆弾テロ事件は9月11日の攻撃の1年と1カ月と1日後に起こった。
・ツインタワーに最初に突っ込んだ飛行機はアメリカン航空11便だが、アメリカン航空の略号はAA、Aはアルファベットの1文字めなので、これは11：11だ。
・11便――乗務員は11人だった。
・一七五便――65人が乗っていた―― 6＋5＝11.
・ニューヨーク州――合衆国11番めの州。
・ペンタゴンの着工日……一九四一年9月11日。
・世界貿易センタービルの建設期間は一九六六～一九七七年……11年かかっている。

ゲラーの言うように、これは「奇想天外で、奇妙で、信じがたい」が、彼の考えているような意味でそうなのではなさそうだ。彼は「こうした関連すべてを目にしても興味をそそられない人の気持ちがわからない」とも言う。だが、数の組み合わせなり特定の数が出現しうる状況なりを探す範囲を思うと、実質的に超大数の法則が無限に大きな数の法則と化している。はっきり言って、そうした例を見つけられなかったなら、それは探す際に創意が足りなかったという話にすぎない。手持ちぶさたなひとときの一度や二度をのんびり過ごすのに試してみてはどうか。どんな数を集めてきてもまったく同じことができるはずだ。Google はそのための理想的なツールとなるだろう。

数秘術のおとぎの国へちょっとばかり出かけたあとは、現実的なバランスを取り戻すべく、

πの小数展開を眺めてみよう。

πは尋常ならざる数で、それだけで本を一冊書けるほどだが、本書の目的をふまえ、ここではその小数展開を単純に0、1、2、……、9という一〇種類の数字からなるランダムな並びと捉える。(11) 最初の一〇〇桁は次のとおりだ。

3.1415926535897932384626433832795028841971693993751058209749445923078164062862089986280348253421170679

ここで、任意の数字の並びの次にどの数字が来るかを予測できないという意味でこの並びはランダムに見えるので、数字の任意の並びがどこかに出現する確率はゼロではない。もちろん、求める並びが長いなら特に、それが見つかるまで長いこと探す必要があるかもしれない。実は、πの最初の一億桁で長さtの特定の並びが見つかる確率を計算できる。たとえば、長さ$t=5$の任意の並びが最初の一億桁で見つかる確率は1だ（つまり、最初の一億桁には長さ五桁の並びがすべて含まれているのである）。同様に、最初の一億桁には長さ$t=8$の全並びの六三パーセントが出現するので、ランダムに選んだ八桁の並びがそこに含まれる確率は0.63となる。

πの小数点第一位を位置1、次を位置2、などと呼ぶことにすると、Dを日、Mを月、Yを年としてDDMMYYYYの形式で私の誕生日を表す並びは、位置60722908に出現する。(12)

もっと不思議な気のする現象が――数秘術師を文句なしに喜ばせる一方、私たちには超大数の法則の力を印象付けるのが――「自定位」列と呼ばれるものだ。先ほどと同じ位置定義を用いると、「自定位」列とはπの小数展開においてそれが示す数の位置に見つかる数字の並びで、たとえば次がそうである。

1（πは3.14159……）
16470（つまり、16470という並びは位置16470から始まる）
44899
79873884

数の偶然の一致については宇宙の起源と性質について話を進める10章で立ち戻るが、ここでは数の偶然の一致に意味があることがある、という例を紹介しよう――背後に存在する構造を反映しているケースがあるのだ。

数学には「群論」という分野があり、対称性について、すなわち数学的対象にある操作を行なっても、操作前と操作後で区別がつかないのはどんな場合かについて研究している。たとえば、正方形を九〇度回転させた結果はまったく同じ正方形になる。同じように、正方形を対角線のどちらかを軸にひっくり返した結果もやはり元の正方形と見分けがつかない。群論はこうした検証を極端なまでに拡張し、さまざまな数学的対象のあいだでこうした対称性を探す。そんな対象の一つに「モンスター」という奇抜な呼び名のものがある。約8×10^{53}個（木星に存在する素粒子の数とほぼ同じ）の要素間の対称性が絡むこの数学的対象は、一九七〇年代初頭にその存在が予言された。そしてその後の研究により一九七八年、そんな奇妙な数学的構造があるとしたらきわめて大きな数の次元において存在することが明らかになった——なんと一九万六八八三次元に。

　モンスターを研究していた数学者のジョン・マッカイは、その年の一一月、まったく違う分野の本を読んでいた。数論の本である。数論は数秘術のことではなく、整数の数学を扱う一分野なのだが、群論とはまったく違う話なので、数論にも196883という数が出てきてマッカイはびっくり仰天した。まるでこのまったく違う二つの数学分野にかつて想像だにされなかったつながりがあるかのようだった——そして彼の発見をきっかけに、この偶然の一致を説明する数学上の宝探しが始まった。

　つながりはあったが、捉えどころがなかった。この宝探しに一枚かんでいた高名な数学者ジョン・コンウェイはそれに「ムーンシャイン」という呼び名を与えた——「それはアイルランドの小妖精《レプラコーン》が踊っているところを照らす神秘的な月明かりのような雰囲気をもっていた」（数学者に詩心がないなんて誰が言った？）

　モンスターの発見と、それに伴って始まった群論と数論という一見関係なさそうな二分野のつながりに関する説明の探求を、数学者のマーク・ロナンが一冊の本にまとめている。彼はこう語る。「その発見につながった手法は、見事なものだったとはいえ、モンスターの特筆すべき性質に関する手掛かりを何一つもたらさなかった。モンスターと数論のあいだの奇妙な偶然の一致に関する最初の手がかりはのちに現れ、それらが弦（ストリング）理論とのつながりを導くこととなった。モンスターと数論とのムーンシャイン関係は今ではより大きな理論の中に位置付けられているが、根源的な物理との深い数学的結び付きの重要性は把握されるに至っていない。私たちはモンスターを発見したが、それはいまだに謎なのである。その性質がすっかり理解された暁には、宇宙の構造そのものに光明が投じられることになるだろう(13)」

このように、偶然の一致の背後に原因が存在することはある。汚染物質によって疾病クラスターができるとか、特異的に大きな粒子数によってヒッグスボソンの存在が明らかになるとか、何かがモンスターを生むとか。だが、超大数の法則の教えによると、十分に多くの場所を調べれば、見つかった奇妙な一致はありえなさの原理の表れだったとわかることのほうが多い（場合によってははるかに多い）。

落雷、ゴルフ、動物の離れ業《わざ》

稲妻を目にすると、それが見せつける自然の威力に畏怖も恐怖も感じるが、直撃される確率はずいぶん低く、命を落とす確率ともなればごくわずかだ。気象学者の推定によると、地球全体の平均として各人が一年のあいだに落雷で死ぬ確率は三〇万分の一である。この確率はきわめて低い。だが、地球の人口は約七〇億人で、七〇億というのは大きな数だ――超大数とさえ言えるかもしれない。そして、ここに超大数の法則が入り込む隙がある。これだけの人がいて、各人が一年のあいだに命を落とす確率が三〇万分の一ということは、落雷で死ぬ人が誰もいない確率は約 10^{-10133} となり、これはボレルの言う宇宙的な尺度で無視できる確率より低い。誰も死なない確率がこれだけ低いなら、私たちは誰かが命を落とすものと思っているべきだ。実際、推計によると毎年二万四〇〇〇人ほどが落雷で亡くなっており、けが人の数はその一〇倍ほどにのぼっている。(14)

落雷とそれにより命を落とす確率については、「確率てこの法則」を扱う7章で詳しく述べる。これもありえなさの原理のより糸で、それによると、環境に含まれるわずかな違いが確率に途方もなく大きな違いをもたらしうる。これは落雷について考えるうえでとりわけ重要で、なぜなら前出の三〇万分の一という数字は世界平均だからだ。つまり、この平均には都市部の人も農村部の人も、炭鉱で地下にいる時間の長い人も(そこへの落雷は多くない)開《ひら》けた平原で放牧をしている人も含まれている。また、この平均に含まれている人が暮らす国もさまざまで、先進国であるアメリカの場合、落雷で命を落とす確率は心強いことに約四〇〇万分の一という低さだ。こんな状況で平均を持ち出すことは、足をオーブンに、頭を冷蔵庫に突っ込めば平均体温は問題なくなる、という陳腐なジョークを連想させる。

ロトや落雷と同様、ゴルフもありそうにない出来事の話には事欠かず、たとえば1章で触れたように二人のゴルファーが立て続けにホールインワンを達成したことがある。だが、ゴルフにはロトや落雷と大きく違う面がある。ある意味、ゴルフの目的はホールインワンを達成することだ。なので、人はそれを実現する——ホールインワン達成の確率を高めるべくオッズをシフトさせる——技術を磨こうと練習にいそしむ。そのため、達成率が人によって違ってくる。たとえば、タイガー・ウッズが達成してもそれほど驚かないが、私がやったならそれはもう大ごとだ。現にウッズは一八回達成しているほか、ジャック・ニクラウスは通算二一回、アーノルド・パーマーとゲイリー・プレーヤーはそれぞれ一九回記録している。とはいえ、こうしたトッププロでさえ達成回数がこれほど少ないことからわかるように、まれな出来事ではある。あまりにまれなので、全米プロゴルフ協会は注目に十分値するとして、市民が達成したホールインワンの詳細を一覧できるアーカイブ[15]を管理しているし、ネット上には少なくとも一つ、ホールインワンを専門に扱うウェブサイト[16]がある。

　ホールインワンの確率は約一万二七五〇分の一で、この確率が大ざっぱに正しいなら、超大数の法則により、これは起こってしかるべき出来事である。ゴルファーは世界中に大勢いて、毎日何人もがプレーしている。彼らは何度もプレーし、ラウンドするたびに一八回ティーショットを打つ。これらをすべて足し合わせればホールインワンが起こりうる機会は超大数の域に達し、超大数の法則に言わせればうんざりしそうなほど起こるはずである。

　そして実際起こっている。本書の執筆時点で、ホールインワン達成の最年長者とされているのは、一〇二歳で成し遂げたカリフォルニア州チコのエルシー・マクリーン、最年少者は一九九八年当時五歳だったミシシッピ州のキース・ロングだ。(17)最多記録保持はアメリカのアマチュア、ノーマン・マンリーが主張しており、五九回を記録している。

超大数の法則によれば、ゴルフでは一見、さらにありそうにない出来事も起こりうる。同じ人が二日連続でホールインワンを達成する、というようなことだ。以下は、《タイムズ》紙のワシントン特派員ティム・リードによる二〇〇六年八月二日付の記事からの抜粋である。

一人のアマチュアゴルファーが全米のクラブハウスで話題になっている。テキサス州で行なわれたある大会で二日連続同じホールでホールインワンを達成したというのだ。ダニー・リーク（五三）は土曜日に六番ホールで――一七四ヤードを五番アイアンで――ホールインワンを達成したのに続き、日曜日にも同じホールで一七八ヤードの距離を同じクラブで打って達成した。(18)

こちらはハンスタントン・ゴルフ・クラブのウェブサイトからの抜粋である。

ハンスタントンでは、気が遠くなるほど確率の低い偉業が達成されたこともあります。一九七四年、アマチュアのボブ・テイラーがイースタン・カウンティー・フォーサムという大会の練習ラウンド中にホールインワンを達成しました。翌日の本大会で、彼は再び成し遂げました。そのまた翌日の同大会で、彼はまたもや達成しました。連続三日というだけでは驚かない方も、なんとホールインワンが達成されたのが三日とも一九一ヤード、パー3の一六番という同一ホールだったと聞けばびっくり仰天でしょう![19]

超大数の法則の力を表す現象としてはサイキックアニマルも挙げられる。サイキックアニマルとは未来を予言できる能力を、あるいは何らかの出来事がいつ起こるかを当てる能力をもっていそうに見える動物のことである。

二〇一〇年に行なわれたFIFAサッカーワールドカップにおいて、シーライフセンターという水族館チェーンのドイツ、オーバーハウゼン館の水槽にいた「タコのパウル」が、ドイツ代表による七試合と決勝(スペイン対オランダ)の結果を当てた。「予想」は、二つの箱にそれぞれ対戦国の国旗を付けてどちらにもエサを入れておき、パウルがどちらを取るかという形で行なわれた。あの八試合の予想がすべて当たる確率は2^8=二五六分の一である——びっくりというほどではない。そして超大数の法則をふまえると驚きはさらに弱まる。実はこの場合、二五六分の一というのはそれほど低い確率ではないので、数は「超」大数である必要すらない。それでもなお、パウルはその「能力」らしきもののおかげでにわかにメディア界のスターになった。スペインのある町の名誉町民になり、また最終的にロシアに決まった二〇一八年サッカーワールドカップの開催国選びではイングランドの大使にもなった。残念ながら、オーバーハウゼンのシーライフセンターが伝えたところによると、パウルがそのワールドカップで予想をすることはない。二〇一〇年一〇月二六日火曜日の朝、水槽で死んでいるのが見つかったのである。同水族館の館長シュテファン・ポルヴォルは、「彼が楽しい一生を送ったとわかっていることが慰めです」と語った。パウルの「代理人」であるクリス・デイヴィスは、「悲しい日です。パウルは特別な存在でしたが、私たちは彼がこの世を去る前にその姿をなんとか映像に収めることができました」と述べている。

そして、パウルだけではなかった。十分な数の動物に目を向け、それらによる「予想」を十分な数のスポーツイベントについて調べれば、超大数の法則への扉が開かれる。

ミック・パワーの著書によると、シンガポールの「インコのマニ」は、最初の七戦を当てたが八戦めをはずした（ということでパウルの域には達していない）[20]。超大数の法則から副次的に導かれることの一つとして、すべて当てる動物がいる分、一部はずす動物はさらにたくさんいる。そしてそのとおり、ドイツのケムニッツ動物園では、「ヤマアラシのレオン」と「コビトカバのペティ」と「ペルーテンジクネズミのジミー」と「シシザルのアントン」が、残念ながらそろって決勝の予想をはずした。中国の「タコのシャオグァ」とオランダの「タコのポーリーン」の二匹も決勝の結果をはずしたし、エストニアの「チンパンジーのピノ」と「カワイノシシのアプセリン」、そしてオーストラリアの「クロコダイルのハリー」もはずした。

どうやらこの手の話には切りがない。きっと心のどこかにあるなんらかの琴線に触れるのだ。二〇一二年五月二七日付の《サンデータイムズ》紙にこんな記事が載った。「イーストサセックス州アッシュダウンに、チェルシーによるFAカップとチャンピオンズリーグの二冠達成を当てた実績のあるリャマがいる。だがそのリャマは来月からのユーロ二〇一二で、開催都市の一つであるウクライナのキエフで名乗りを上げたライバルと競うことになる。心霊能力をもつブタがいるというのだ。スポークスマンはそれを『ほかに類を見ない神託ブタ、正真正銘のウクライナ産で、サッカーの神秘を知っている超能力《サイキック》動物』と説明する。毎日午後四時、ブタは翌日のゲームの結果を予想することになっている……共同開催国であるポーランドが頼りにしているのは『ゾウのチッタ』で、チームカラーに塗られたリンゴを使ってチャンピオンズリーグ決勝の結果を正しく予想したことから、ロバやインコや別のゾウを押さえて選ばれた……昨年スロバキアで行なわれたアイスホッケーの世界選手権では、マグダレナという名の『超能力《サイキック》』双頭カメが結果の予想を担当した。こちらはホッケーリンクの縮尺模型の周囲を動くことで勝者を選んだ」。このなかで私好みなのは「ゾウのチッタ」の話である。4章で説明した株価予想戦略を思い出させるからだ。十分な数の動物がいて、それぞれ異なる予想を立てれば、そのうちどれかが実際起こったことと一致する。チッタはたまたまその幸運な一頭となったのだ。

「サイキック」アニマルが登場するのはスポーツの予想だけではない。ちょっとネットを巡回すれば、地震の前に奇妙な振る舞いを示した動物から、飼い主が帰ってきそうなのがわかるように見えるイヌまで、ほかにもたくさんの事例が見つかる。

地震の前触れとなる地殻の揺れのようなものを動物が検知できるかもしれないという臆測はかねてからあるが、「実用的地震予測に関する国際委員会」による事実上の結論によれば、そうした予測能力を示す信頼に足る証拠はない[21]。同委員会には超大数の法則を紹介するとともに、ニュースメディアは人目を引く話題を必要としていると注意喚起するのがいいかもしれない。

イヌについての検証はほとんどなされていないが、ジェイティーというテリアのエピソードを紹介しよう。飼い主によれば、ジェイティーは飼い主が家路に就いたのがわかるという。「マシューとパムは……乱数生成器を使ってパブを出る時間を選んだ――午後九時だった。そのあいだ、私はジェイティーお気に入りの窓を狙ってカメラを回し続け、そこでの行動が一部始終記録されるようにした。パムとマシューがパブから戻ると、私たちは映像を巻き戻してジェイティーの振る舞いに目を凝らした。興味深いことに、所定の時刻に件《くだん》のテリアは窓辺にいた。ここまではいい。ところが、残りを再生してみると、ジェイティーの能力とされていたものの正体が明らかになってきた。ジェイティーはこの窓の大ファンだったようで、実験中に一三回もそこに姿を見せていたのだ。実はジェイティーはあの窓を一二回訪れた[22]」。超大数の法則が効いている――犬が窓辺にいる時間の長さの点で。翌日にもう一度実験したところ、ジェイティーはあの窓を一二回訪れた。そこで過ごす時間が十分に長いなら、飼い主が帰り支度をしたときに窓辺にいる可能性が低いほうがおかしいのである。

思ったより少ない

超大数の法則によれば、ある事象が起こりうる機会が十分な数だけあるなら、一回の機会で起こる確率がごくわずかだったとしても、その事象は起こるものと思っているべきである。のみならず、誕生日の問題の場合のように、機会の数は最初に思うよりえてしてはるかに多く、そのためこの法則の効果が思いがけなく現れることがある。

だが、機会の数が「超大」数でなくても効果が見えるケースも紹介した。タコのパウルがすべて当てる確率は二五六分の一だったので、それぞれ異なる予想を立てた動物を二五六匹連れてくれば、そのうちのどれかがすべてを当てることは確実である——不可避の法則だ。よって、二五六に近い数の動物を連れてくれば、予想が当たる動物が見つかる可能性は高まる。そして二五六という数は実に小さい。

ここでの要点はカバーされている結果の割合だ。ありうる結果の数を勘違いしていれば効果は増幅される。ありうる結果が一見すると一〇億あって、そのうち望ましい結果が一〇〇しかない場合、幸運に恵まれればびっくりだ。だが、よくよく見たらありうる結果が一〇〇〇通りしかなかったなら——そしてやはり望ましい結果が一〇〇通りあるなら——、たいした驚きではなくなる。確率一〇分の一と確率一〇〇〇万分の一は大違いだ！

ありうる結果の見積もりが間違っているときの効果の好例がある。一九九七年のＦ１スペイングランプリにおいて、ミハエル・シューマッハとジャック・ヴィルヌーヴとハインツ＝ハラルド・フレンツェンという三人の刻んだラップが一分二一秒〇七二というまったくの同タイムだった。[23] これは特筆すべき偶然の一致に思える。だが、勝敗を分けるタイム差が普通どれくらいかを思うと、この三人の最速ラップが一〇分の一秒の範囲にそろって収まっていてもおかしくない。また、タイムが一〇〇〇分の一秒の精度で計測されているということは、一〇分の一秒の範囲でラップタイムは一〇〇通りあり、よって三人のドライバーが同じ一〇〇分の一秒の範囲内に走り切る確率は単純に1/100×1/100、すなわち一万分の一だとわかる。これはそう低い確率ではない――少なくとも毎年行なわれるレース数と競技としての自動車レースの年数を考え合わせれば。超大数の法則が効いてくるのに十分な数の機会があると言える。

十分な数の機会があれば……

あなたが列車衝突事故に巻き込まれる確率は低いが、その確率はあなたがどれほど頻繁に列車で移動するかによって大きく違ってくる。年に一度しか列車に乗らない人が事故に遭う可能性は、通勤で毎日乗る人よりはるかに低い。同様に、家族の誰かが事故に巻き込まれる可能性は、大家族になれば高まるし、考慮に入れる期間を長くしても高まる。3章で紹介したビルとジニーのショー夫妻の場合、事故の間隔は一五年あった。

同様に、何か不運な出来事が誰あろうあなたに、あるいは世界のどこかにいるほかの特定の誰かに起こる確率は低いかもしれないが、今この地球には七〇億人が生きていることを忘れてはならない。各人がある日に事故に遭う確率をpとし、事故に遭うかどうかはほかの誰に何が起こったかに関係ないとすると、サイズNの人口に対してその日に誰も事故に遭わない確率は$(1-p)\times(1-p)\times(1-p)\times$……と合計$N$回掛けた数になる。$N$が世界人口の七〇億、$p$が確率一〇〇万分の一だったなら、その日に誰も何の事故にも遭わない確率は10^{3040}分の一というなんとも低い確率となる。つまり、誰かがどこかで事故に遭う可能性のほうが途方もなく高い――あまりの高さからボレルの法則が効いて、実質的に確実な話になるのである。

6章 選択の法則

袋のなかから取ったのが黒球だろうが白球だろうが、誰が気にするだろうか？……偶然にまかせることはないのだ。いまいましい袋の中をのぞいて、好きな色を取ればいいのだから。

――ジャネット・イヴァノヴィッチ著
『やっつけ仕事で八方ふさがり』のステファニー・プラム
（細美遙子訳、扶桑社ミステリーより引用）

クルミ、アーチェリー、株式相場詐欺

子供のころ、私は食品業者がどこも欠けていない丸のままのクルミの実で瓶を満杯にできることにいたく感心していた。彼らは何らかの方法で実を傷つけないように殻を砕けるのだ。私が試すとたいてい殻も実も砕け、実がまるごと残ることは一〇回に一回ほどしかなかった。

ところが、あとで知ったことだが、確かに成功率は私よりも高いものの、彼らでさえ殻と実がともに砕けることは多い。さらに、これもあとで知ったことだが、彼らはもうひと手間かけていた。結果を選んでいたのである。うまくいったときは丸のままの実を「クルミ（ホール）」というラベルの瓶に入れ、それ以外の場合はかけらを殻からより分けて「クルミ（割れ）」というラベルの瓶に入れていたのだ（彼らは殻を軟らかくする方法も知っており、実を丸のまま取り出すのがさらに容易になっていたのだが、いい話に水を差さないようにする）。

ここでのポイントは、私が全体像を見ていなかったことだ。私は「クルミ（ホール）」の瓶は彼らが割った結果のすべてだと思い込み、結果から選ばれた一部だとは考えもしなかった。だが同じ結果――ホールのクルミ一瓶――は、成功率がもっと低くてたとえばわずか一〇〇〇分の一だったとしても、成功した結果だけを選んで「クルミ（ホール）」の瓶に入れれば得られる。

このクルミの話で効いているのが「選択の法則」で、それによると、事象が起こったあとに選べば確率はいくらでも高くできる。彼らは殻を砕いたあとに割れていない実だけを選ぶことで、瓶の中のクルミがホールだけになるのを確実に――確率1に――していたのである。

同じ趣旨の、よく知られた小話がある。田舎道を歩いていたら納屋を見かけた。側面には的がいくつも描かれており、どの的の中心円にも矢が刺さっている。それを見たあなたは、「すごい！　この人物は弓の達人に違いない」と思う。そして納屋の脇を通り過ぎる。ふと、振り返って納屋の反対側の側面に目をやると、矢がいくつも刺さっている。そして、それぞれの矢の周りに的と中心円をせっせと描いている男がいた。

やはりポイントは、事後にデータを選べば、選ぶ前と確率をすっかり変えられることだ。普通のやり方でそれぞれの矢が中心円を射る確率は、射たあとに的を描いて得られる確率よりはるかに低い！

この的の話は現実離れしていそうに聞こえるかもしれないが、株の世界で起こり、そのレポートがピュリッツァー賞を受賞した、ある事件と酷似している。こんな話である。

企業の重役相手に広く採用されている報酬としてストックオプションの付与がある。ストックオプションとはあらかじめ定められた価格で自社株を購入できる権利のことで、その価格は付与された日付で決まることから、そのあとに株価が上がればストックオプションの価値が高まる。二〇〇六年三月一八日付の《ウォール・ストリート・ジャーナル》紙に掲載された記事において、チャールズ・フォーレとジェイムズ・バンドラーはストックオプションが付与された直後に株価が劇的に上昇した六社を特定している。たとえばこんな具合だ。(1)

「ウィリアム・マクガイア博士に対する」一九九九年の付与日はユナイテッドヘルス株がその年の最安値を記録したまさにその日だった。マクガイア博士に対する一九九七年と二〇〇〇年の付与日も、終値がそれぞれの年の最安値を記録した日だった。二〇〇一年の付与は株価が急落したときの底値に近い日付でなされていた。これらすべてについて、このような有利なパターンが偶然生じる確率は二億分の一以下である……

［コンヴァース・テクノロジー社の最高責任者コービー・アレクサンダーに対して］付与された日付の一つが一九九六年七月一五日で、その日の株式分割調整後の権利行使価格は七・九一六七ドルだった。これは株価が一日だけ急落したときの底値で、その日に一三パーセント下がり、翌日に一三パーセント反発した……二〇〇一年一〇月二二日の付与は、二〇〇一年の二番めに低い終値の日付に当たっていた。その他の付与も同じように価格が下落したときになされていた。このようなパターンが偶然起こる確率は、本紙の分析担当者によれば六〇億分の一である……

［アフィリエイテッド・コンピューター・サービス社のCEOジェフリー・リッチ］に対して一九九五～二〇〇二年に合計六回あったストックオプション付与はすべて、株価が上昇する直前に、往々にして急落時の底値でなされていた……本紙の分析によれば、このようなことが起こる確率は……約三〇〇〇億分の一である……

ブルックス・オートメーション社は……二〇〇〇年にCEOのロバート・テリエンに対して二三万三〇〇〇株のオプションを付与した。指定された付与日は五月三一日。その日はオプションの価格指定にはもってこいだった。その日ブルックスの株価は二〇パーセント急落して三九・七五ドルとなっており、翌日には三〇パーセント以上も急騰している。

(こうした確率がどの程度のものかについては、4章で紹介した、6/49ロトで当選券を手にする確率が一四〇〇〇万分の一であることと比べてみるとわかりやすいだろう)

こうした到底起こりそうにない出来事に対してはいろいろな説明が考えられる。その一つは単純に本当にそうなったというものだ。なにしろ、起こりうる機会が一〇億回あれば、確率一〇億分の一の出来事が起こってもおかしくない。ただし、一〇億回のストックオプション付与というのもずいぶんな回数ではある。

あるいは、このとても小さい確率値が誤解を招いているのかもしれない。このようなきわめて有利な日付に偶然当たる確率は私たちが思うよりはるかに高い可能性があるのだ。実際、あの劇的な上昇を示した株価とオプション報酬は、《ウォール・ストリート・ジャーナル》紙で報じられた調査がなされた期間中の何千という銘柄とストックオプション報酬のなかから選ばれたものだった。私たちが企業の重役にオプションをランダムに付与した場合、そのうちの誰かは、株価が急に上がる直前にもらえていい思いをするはずである。そして、あの記事は株価が現実に急上昇した事例にだけ注意を向けさせ、ほかはすべて無視している。一見ありそうにない出来事だが、記事を書いたフォーレとバンドラーは価値が劇的に高まったオプションを事後に選択したわけで、もしかすると実は選択の法則の結果なのかもしれない。

という可能性は頭に入れておくべきだが、その効果で確率二億分の一だの六〇億分の一だの三〇〇〇億分の一だのという事柄が引き起こされるとは考えにくい。

考えられる説明としてこのどちらとも違うものがアイオワ大学のエリック・リーによって提唱されている。[2] 彼の説明も選択の法則が効いた結果というものだが、効く仕組みがまったく違う。リーは独自の分析に基づきこう述べている。「予想リターンをもたらす相場全体の未来の動向を予測するという並外れた能力を重役らが有しているのでない限り、この結果からは少なくとも一部の報酬が遡及的に付与されたことが示唆される」。ここで問題とされているのは、たまたまあの効果を示した銘柄を選んで記事にし、ほかをすべて無視する、という選択ではない。企業の重役が時間をさかのぼって価格が大幅に上がった直前の日付を選んでいることだ。つまり、報酬の付与日として株価の点で都合のいい日を指定していたふしがあるのである。

この件における選択の法則の役割は、納屋に的を描く話における役割とそっくりだ。矢を射たあとに的を描けば、矢を中心円に適中させるのはたやすい。そして、株の相場を振り返れば、急に上がりそうなタイミングは簡単にわかる――そうなる未来の日付を予測しようとするよりはるかに易しい（これについては偉大な物理学者ニールス・ボーアがうまいことを言っている。「予測はとても難しい――特に未来のことは」）。前を向いてこれから何が起こるかを見極めようとする代わりに、振り返って実際に起こったことを確かめることで、私たちは当たる確率を不確実から確実に変えられる。この行為は普通の「予測」に対して「事後予測」と呼ばれている。

予測と事後予測はあらゆる面で対照的だ。たとえば、大災害のあとで人はよく「なぜわれわれはそうなるとわからなかったのか？」と問い、何かしらの兆候が前からあったと暗に主張する。九月一一日のテロのときもそうだった。厄介なことに、前触れは往々にして無数のほかの兆しや出来事に埋もれる。事後なら断片をつなぎ合わせてそれらが最終的な結果まで一続きになっていることを示せるが、事前にはつなぎ合わせるべき断片やありうるつながりが多く、どの出来事がつながるかなどわかるはずもない。それは断片が多すぎるからではなく、つなぎ方の数が膨大なうえ、そのなかから一つを選び出す決め手がないからだ。新たな情報がもたらされるたびにさかのぼって記憶を調整し、惨事につながるつながりを探して、「見ろ、兆しは目の前にあったんだ！」と事後に指摘する、という私たちが生まれつきもっている傾向は「後知恵バイアス」と呼ばれている。これは昔から知られていたことで、選択の法則のひとつの表れと言える。

ありえなさの原理のほかのより糸と同様、選択の法則も思わぬ形でいろいろと暮らしに忍び込んでいる。駅を降り立った人が「あなたの現在地」という大きな赤い印のついた付近の地図を見ながら、自分がこの時間にここにいるのを鉄道会社が知っていて驚いている――そんな場面を思い浮かべてみよう。そういえば、性的能力に衰えを感じている男性向けにその手の製品を売り込むうっとうしいスパムメールを受け取った私の友人が「なんでわかったんだ？」と疑問に思っていた。そしてもう少しシュールな例として、「間違い電話をかけたとき、通話中だったことが一度もない気がするのだが、どういうことだろう?」と考える人がいたとする。地図の人は、その地図を見られるのがその場にいる人だけという事実を忘れている。私の友人は、同じスパムメールを受け取った人がほかにもごまんといることを忘れていた。間違い電話の人は、受話器を取った誰かに間違いだと告げられてはじめて自分の間違いに気づくことを忘れている。

これらはどれも選択の法則の身近な類いの例だ。もっと高尚な例には、次世代の礎《いしずえ》を築く子孫を漸進的に選ぶ、進化を促す自然選択のプロセスがある。もうひとつ、なぜこの宇宙が、今のようになっているかを問う、「人間原理」と呼ばれるものも挙げておこう。この二つについてはどちらも10章で詳しく取り上げる。

2章で紹介したアメリカの有名な心霊術師ジーン・ディクソンは、予言をたくさん当てたことで知られている。だが、さらに多くの当たらなかった予言をしたことはあまり知られていない。前にも説明したとおり、当たった予言に注目させ、はずれについては都合良く忘れるのがポイントだ。そして、今の私たちにはわかるように、この「ジーン・ディクソン効果」は選択の法則の一例にすぎない。占い師の基本原理は、4章で説明した株式情報詐欺の手口の背後に隠れている原理でもある。詐欺師は株価の成り行きの可能な**すべて**のパターンを予想してそれぞれを異なる人に割り当てており、予測したパターンのどれか一つは不可避の法則によって必ず当たる。そして選択の法則を応用し、当たったパターンを自分が未来を予測する能力をもっている「証拠」として提示する——ほかはともかく当たったパターンの

「予測」を受け取った人に対しては。

　こちらも2章で触れたが、偶然の一致とは出来事が思いがけず同時に起こることである——二連続ホールインワンのように。だが偶然の一致の場合、それぞれがきわめてありそうにない出来事である必要はない。たとえば、カリグラとリンカーンはともに暗殺される夢を見て実際に暗殺された。さて、科学者によれば私たちは夢を一晩に少なくとも四～六回見て、そのほとんどを忘れるそうである。夢を思い出す可能性がとても高くなるのは、明くる日にその夢を思い出させるような何かが起こった場合だ。これは、異質な出来事を結びつけるという脳の仕組みの一面にすぎない。というわけで、ある決まった出来事の予兆である夢をぽつんと見るわけではない。私たちはたくさん夢を見、そのそれぞれに続いて数多くの出来事が起こる。そしてたまたま一致するものに気づき、その他すべてをえてして忘れるのである。そもそも、その他すべてを覚えている必要などあろうか？　どれも夢、記憶、出来事のランダムな背景揺らぎの一部であり、特に目立つところはないのだ。何かが起こるという夢を見たらそれが実際に起こった、というのはまれな同時発生であり、だから印象に残るのである。

　カリグラは在位紀元後三七～四一年のローマ皇帝である。本名はガイウス・ユリウス・カエサル・アウグストゥス・ゲルマニクスといい、「カリグラ」は父親の兵から付けられた「小さな軍靴」という意味のあだ名だった。彼の暗殺は以前から何度も企てられては失敗に終わっており、よって暗殺の夢を見やすかったに違いない。一方（ここで選択の法則が効いてくる）、案の定と言うべきか、歴史は彼が暗殺の夢を見た明くる日に暗殺されなかったケースが何回あったかを語らない。カリグラの側近たちが思い出したのは皇帝が自分の夢を告げたあとに本当に暗殺されたときのことだ――それに対し、暗殺の夢を見たあと暗殺されなかったなら話題にものぼらないことは言うまでもない。自分が暗殺される夢を見て実際に暗殺された人と、そうした夢を見て暗殺されなかった何百万（といそうな）人とでその数を比べれば、ここにも選択の法則が隠れているのがわかる。

まったく同じことがリンカーンの夢についても言える。彼が暗殺される前に見たであろう暗殺の夢のうち、彼がわざわざ友人たちに告げず、あるいは友人たちが忘れ、そのあと暗殺されなかったというケースの数も考慮に入れるべきだ。ここにも選択の法則が顔を出す。

こうした「予知」夢からは、ありえなさの原理をなすほかのより糸の効果も見て取れる。たとえば、カリグラの夢はあいまいだった。彼は気がつくと神々の王たるユピテルの玉座の前に立っていたのだが、地上へと蹴落とされた――そして彼はこれを差し迫った死の警告だと解釈した。しかし、カリグラがこの夢を〝おまえの番はまだだから地上の人生を続けるようにと送り返された〟と解釈する可能性が同じくらいあったという気が私にはする。ここで、2章で披露した成功する占い師の基本原理を思い出していただきたい。おわかりのように、数多くの誤った確率評価の核心にはあいまいさがある。さらには、私が「近いは同じの法則」と呼ぶ、ありえなさの原理をなすまた別のより糸の核心にもあいまいさがあって、こちらについてはあとで詳しく取り上げる。この法則は基本的に、出来事はあなたが思うところとは厳密には同じでないかもしれないが、たいして違わなければ私たちはそれを一致と数えることがある、というものだ。たとえばリンカーンは、ウォード・ヒル・ラモンらに自分の見た夢を暗殺の三日前に語ったとき、その説明を「一〇日ほど前……」と切り出している。(3)さて、予言とされるために夢は出来事と時間的にどれくらい近くなければならないか？ 前日、前週、前年？ 「近いは同じ」の解釈をたっぷり拡大すれば一致は保証できる――これが近いは同じの法則の本質である。

予知夢の話には超大数の法則も効いている。私たちは夢が世界中の人によって毎晩いくつ見られているかを考え合わせる必要がある。見られた夢と一致する出来事が明くる日に一つも起こらなかったら、それこそ驚きだ。

選択の法則がもつこの人を欺く効果が明らかになったのは最近ではない。フランシス・ベーコンが四〇〇〇年前の一六二〇年に、2章で確証バイアスに触れた際に紹介した『ノヴム・オルガヌム』で見事な例を挙げている。「難破を免れて誓願を果たした者どもの絵を神殿で見せられ、神々の力を認めないのかどうかを問い詰められた人物によってなされた返答はうまいものだった。『なるほど。では、誓願をかけて溺れ死んだ者はどこに描かれている？』」(4)事前に祈っていたと主張できるのは、難破にあって生還した者だけである。

ロトでの儲け

選択の法則に関連してここまで紹介してきた例において、この法則の効果は使うデータを事象が起こったあとで選ぶことによって現れている。クルミの業者は、殻を砕いたあとに割れなかったクルミだけを瓶に入れていた。だが、選択の法則は別の形で効果を発揮することもある。ここでは、この法則のせいでロトの当選金が目の前で消えかねないという例を紹介しよう。当たる確率ではなく実際にいくらもらえるかという話である。

せっかくロトで当たっても、同じ番号を選んだ人がほかにもたくさんいたらあまり意味がない。手持ちの抽選券が当たっていると気づいた瞬間に思い描く、自分が億万長者になっているというイメージは、自分が当たり券を持つ一〇〇〇人の一人にすぎないと気づいた瞬間に露と消える。それでも、実にもっともなことだが、あなたはこう反論するかもしれない。当たり券を手にする確率がものすごく低い（6／49ロトで一四〇〇万分の一）なら、二人が同じ数の組み合わせを選ぶ確率はもちろん、一〇〇〇人単位で同じ組み合わせを選ぶ確率はなおいっそう、途方もなく低いはずだ、と。

おっしゃるとおり……にならないケースが二つある。まずは超大数の法則が効く場合だ。十分に多くの人が抽選券を買えば、あなたの券と同じ数が印字された抽選券をほかの誰かも買っている確率はいくらでも大きくなりうる。もう一つは数の選び方が問題になる場合である――というのも、人はえてして数をランダムには選ばず、誕生日など何か特別な意味のある数を選ぶことが多いのだ。たとえば、一九四八年六月一八日生まれの人はこの日付を06、18、48という三つの数に変換するかもしれない。すると誕生日が二つあれば――夫婦の場合など――6/49ロトに必要な六つの数がそろう。ひと月は三一日以下、一年は一二ヵ月しかないので、誕生日をあのように変換して得られるものだけに数を制限するなら、四九種類より少ない数から選ぶことになる。よってたとえば六個の数字のうち五個が33、36、37、45、48の抽選券、あるいは1、4、18、35、38、43のような組み合わせの抽選券を手にすることはなくなる。

買う組み合わせを制限すれば、誰かと同じ組み合わせを選ぶ確率は高まる――選択肢が少ないから、そしてあなたが何かしらのルールに従っているなら他人もそれに従っているに違いないから。

ほかにも、数を「ランダムに」選ぶためと言って、申込カード上に数が並んでいるパターンに基づいて選ぶ人もいる。対角線に沿って選んだり、端を避けて選んだりするのだ。また、1からスタートして3ずつ足して1、4、7、10、13、16を選ぶ、というようなルールに従う、あるいは二乗数に徹して1、4、9、16、25、36を選ぶ、などとする人もいる。だが、やはりこうしたパターンも他人が選びそうなものばかりで、誰かの選択と一致する可能性は高まる。

前回の当選番号をそのまま選ぶというのも人気の戦略だ。これなら確かに数は抽選ごとにランダムに変わるが、やはり他人も採用しているかもしれないルールである。ブルガリア国営ロトで二〇〇九年九月六日に出た番号が四日後にまた出たことを覚えているだろう。このとき前回と同じ番号を選んでいた人はなんと一八人もいた！　ジャックポットの合計は一三万七五七四ドルだったが、分け前はわずか七六四三ドルになった。もらってうれしいことには変わりないが、人生を変えるほどではまったくない。

パターンに基づいて番号を選んでいる人は驚くほど大勢いる。たとえば、一九八六年六月七日のニューヨーク州ロトでは、8、15、22、29、36、43という六つを選んでいた人が一万四六九七人いた。一九八八年一〇月二九日のカリフォルニア州ロト6／49で最も人気の組み合わせは7、14、21、28、35、42で、一万六七七一人から選ばれていた。この二つの組み合わせに見られる規則性（どちらも数が7おき）から、何らかの規則的な配置に基づいているのではないかと推察される――おそらくはロトの申込カードのレイアウトに。一九九四年八月二七日のフィンランド国営7／39ロトでは、五〇六六人が1、2、3、4、5、6、7を選び、三二二五人が5、10、15、20、25、30、35を選んでいた。彼らがどの組み合わせを選んでも当たる確率はほかと変わらないと考えていたなら、それはそのとおり。問題は、その組み合わせを他人も買っていそうなことである。

クルミや矢の例では、事後に結果を選ぶことがその結果の出る確率について誤解を招いていた。いま取り上げているロトの例の場合、選択の法則は違う形で効いている。結果そのものをゆがめるのだ。どの抽選券についても当たる確率は変わらないが、当たったときにもらえる金額が大きく変わりうるのである。

ちなみに、ロトを買う皆さんへの教訓がここにある。当たる確率を高めるにはできるだけたくさん買うしかないが、もらえる平均金額は他人が選ばなさそうな数の組み合わせを選べば高まる。つまり、数を選ぶルールを使わないようにすればいい。そして、他人が考えそうなルールを残らず予測して避けることは不可能なので、他人と同じ組み合わせを選ばない確率を高めるには数をランダムに選ぶという戦略をとればいい。ロトの運営側はたいていクイックピックやラッキーディップといったオプションを用意して、この戦略を採りやすくしている。

平均への回帰

英語圏で「スピードカメラ」などと呼ばれている交通違反取締カメラは、一九八六年にアメリカのテキサス州フレンズウッドで初めて導入された。イギリスでは一九九〇年代に導入され、今では至る所に設置されているが、そうした固定機には派手な色が塗られていて、近づきつつあるドライバーはそれを見て（必要に応じて！）減速できる。これは理にかなっている。というのも、一部の活動家が信じているところとは異なり、その狙いは飛ばしすぎのドライバーを捕まえることというより、彼らに減速を促すことだからだ。だが、活動家たちの誤解を後押ししていそうな事実として、実は固定機の多くで「原価回収」のための制度が運用されており、資金を少なくとも部分的にでも自己調達できるようになっている。これがドライバーに対する別課税ともとれることから、スピードカメラはドライバーに節度ある運転を促す仕掛けなのにもかかわらず、いまだに論議の的となっている。

ただし、原価回収の問題は論議を呼んでいる原因の一つにすぎない。もう一つ、カメラに現実問題として事故を減らす効果があるのかという基本的な問題がある。選択の法則はこの問いに対する答えと絡み合っており、事故率低減の議論においてカメラの見かけの効果を底上げする役目を果たす。選択の法則がこれと同じ形で効いているところは5章で一度触れている——平均への回帰だ。選択の法則のこのバリエーションについては一九世紀にサー・フランシス・ゴルトンが初めて記述しているのだが、彼は当初これを「平凡への回帰」と呼んでいた[5]。

かなり変わった性格の持ち主だったゴルトンは、現代科学の創始者の一人に数えられている。チャールズ・ダーウィンのいとこで、科学が今ほど確固たる学問分野ではなかった当時はよくあったことだが、彼は統計学、気象学、犯罪学、心理測定学、人類学、遺伝学など、数多くの分野に大きな前進をもたらした。

ゴルトンは、親に顕著に見られる特徴が子にそれほど顕著には現れない可能性が高いことを発見している。たとえば、ともに背の高い親から生まれた子はやはり背が高いが、身長はたいてい親より平均に近い。同じように、背の低い親から生まれた子は身長が平均より低い傾向にあるが、親よりは高い。同じ現象は遺伝するほかの性質についても言え、そのため何らかの生物的メカニズムが世代を平均のほうへ引っ張っているように見える。それをゴルトンは鋭くも、平均のほうへ戻そうとするこの見かけの力は純粋に統計的な選択現象の結果——

選択の法則（彼はそうは呼ばなかったが）の現れ——だと見抜いた。

このことを理解するため、振る舞いの心理的な含意も、道路交通上の安全措置の変化も、背後にある生物的メカニズムもすべてはぎとった抽象的な例を考えてみよう。この抽象例は立方体の標準的なサイコロを投げるという行為を基にしている。

そのサイコロを三六〇〇個投げたとしよう。まったくの偶然で、そのうち約六〇〇個で1の目が、約六〇〇個で2が……、そして約六〇〇個で6が出るはずである。ここで、6の目が出たサイコロだけを選び出し、ほかを無視する。どれも6が出たサイコロなので、出た目の平均は言うまでもなく6だ。次に、これらをもう一回投げる。やはり偶然で、そのうち約一〇〇個で1の目が、約一〇〇個で2が……、そして約一〇〇個で6が出るはずである。これらのサイコロ全体について、二回めに出た目の平均は約3.5だ（単純に［100×1＋100×2＋…＋100×6］/600ということで）。つまり、平均はこの六〇〇個のサイコロを最初に投げたときの6から二回めを投げたときの3.5へと下がっている。

なぜ、6から3.5へと平均が下がったか？　説明はしごく単純だ。1〜6というそれぞれの結果が等しく確からしいからである。つまり、初回に6が出た（約）六〇〇個のサイコロを選んだとき、私たちは6がま
っ
た
く
の偶然で出たサイコロを選んでいた。だが、選ばれたサイコロに特別なところはない。なので、次に投げたときには普通のサイコロらしく振る舞い、約3.5という平均を出したのである。

これは選択の法則の表れだ。私たちは偶然の結果（出た目が6）に基づいてサイコロを

ないことを明らかにするためにサイコロを投げたときにも偶然得られた同じ結果が繰り返されるはずと考える理由はない。

では、これをスピードカメラのモデルに置き換えて、この抽象化した例の重要性を見ていく。差し当たり、事故はまったくの偶然で起こると仮定しよう。三六〇〇個のサイコロそれぞれはカメラの設置候補地に、そしてサイコロを投げて出る目はそこでの事故件数（1〜6）に対応すると考えられる。ここで、カメラは六〇〇台しかなく、三六〇〇カ所のどこに設置するかを決めなければならないとする。もちろん事故件数が多い場所に設置する――なんといっても、事故がほとんど起きない場所に設置しても意味がない。よって、事故が六件起こった（約）六〇〇カ所に一台ずつということになる。

それから向こう一年、カメラを設置した場所での事故件数の推移を追跡調査する。この一年間における件数は、初回に6が出た六〇〇個のサイコロをもう一回投げた結果に当たる。先ほど見たように、まったくの偶然で、事故は約一〇〇カ所で一件、約一〇〇カ所では二件……、そして約一〇〇カ所で六件起こる。六〇〇カ所全体について、この一年間の事故件数の平均は先ほど計算したように三・五件だ。件数は劇的に減少したように見える。だが、この減少はカメラが設置されたかどうかとは無関係で、平均への回帰という形で選択の法則が効いただけだ。

あいにく、現実のカメラには複雑な要因が絡んでくる。スピードカメラは実際にも、先ほどの簡素化されたモデルの場合と同じく、最も必要そうな――事故件数の多い――ところに設置されている。だが現実問題として、そこで事故が多い原因は単なる偶然だけではない。そもそも危ないという場所もあって、たとえば長い直線はスピードの出し過ぎにつながる。そうした場所でカメラの設置後に事故件数が減ったなら、原因は平均への回帰とドライバーに減速を促す本来の効果の両方という可能性がある。

交通量の増加、運転免許試験の改善、車両の安全性能（アンチロックブレーキシステムなど）の継続的な向上、飲酒運転根絶キャンペーンなどを考慮に入れて交通事故データを慎重に統計分析した結果として、カメラの設置には選択の法則による影響を上回る効果が実際にあることが示されている。たとえば、二一六台のカメラを対象としたある調査によると、カメラの設置前後で死傷事故件数の年平均を比較したところ、それぞれ二二六件と一〇三件だった――年平均一二三件の減少である[6]。ただし、この調査によれば、うち七八件は平均への回帰という形の選択の法則に起因している可能性があり、さらに交通条件の変更などその他の措置による全体的な傾向として減った分が二一件あると考えられている。よって、年平均一二三件という減少のうち、カメラの効果と言えそうな分はわずか二四件にとどまる。

要するに、カメラは事故件数を減らして人命を救うが、選択の法則を考慮に入れないとその有効性を過大評価してしまうということである。

選択の法則のこの「平均への回帰」というバリエーションは、ありとあらゆる思いがけない場面で顔を出す。たとえば、映画の製作会社が続篇を作る対象は、当たり前だが大ヒットした映画だけである。だが、映画は作品の良さとランダムな効果とが相まって大ヒットするものだ。どの続篇をとっても、作品の良さは同等でも同じ正のランダムな効果がもたらされそうにはない。よって、続篇は一作めよりヒットしない可能性が高い。

同様に、カール・ユングは著書『シンクロニシティー』の1章で、超心理学者J・B・ラインによる超感覚知覚実験のいくつかの概要を説明し、次のようにコメントしている。「これらの実験のどれにおいても一貫して見られたことがらが一つある。得点となる的中の数が、一回めの試行より減ることである」。さて、あなたの解釈は？　平均への回帰に言わせれば、まさにこうなるはずなのだ。

平均への回帰の効果は、症状の重さが時間とともに変わる病気や時間が経てば自然と治る病気の治療においても困った事態を引き起こしてきた。症状がかなり重いなら医者に診てもらうとして、重篤さが時間とともに変わるなら、症状は待っていれば治療しなくても改善されると思ってよさそうである。インチキ治療やニセ科学的アプローチの多くがこの事実を利用している。症状が悪化するのを待って投薬するのだ。すると、見よ！　症状が軽減され、いかさま師は何もかもその薬のおかげだと主張するのである。

だからこそランダム化比較試験が非常に重要なのだ。この試験では、同等な患者グループが二組つくられる。一方には治療薬とされるものが投与され、もう一方にはプラセボ（偽薬）が投与されるか、何も投与されない。また、どちらのグループがどちらを受け取ったのか、患者にも研究者にもわからないようにする。症状の緩和が平均への回帰による効果のみで薬に効き目がなかった場合、両グループとも快復率は同じはずである。

平均への回帰が誤解されると、本来起こるものと考えるべき物事に別の説明がなされることがあって、アーサー・ケストラーが著書『偶然の本質――パラサイコロジーを訪ねて』(村上陽一郎訳、ちくま学芸文庫)にその滑稽な例を挙げている。「最も熱心な部類の被験者でさえ、セッションが終わりに近づくにつれて適中率が著しく低下したほか、緊張を伴う実験が数週間、あるいは数カ月と続いたあとでは、ほとんどの被験者がその特殊な才能をすっかり失っていた。ちなみに、(セッションの始まりから終わりへの)この『下降効果』は、何らかの人間的な要因がスコアに影響を与えているのであって単なる偶然ではないということの新たな証拠と捉えられた(7)」

平均への回帰の効果は至る所に見られ、それに意識が向くようになればどこにでも見つかる。スコアや結果や反応にランダムな要素があれば、その効果は必ず現れる。たとえばパフォーマンスについて考えてみよう――試験でも、仕事でも、スポーツでも、何でもいい。パフォーマンスには実力や準備などの要因に左右される面が当然あるが、偶然にも左右される。その日はとりわけ調子が良かったとか、試験のヤマが当たったとか、売り込みに行った先の担当者が高校の同期だったとか。良いパフォーマンスにおける偶然の貢献分は次回になくなる可能性が高く、そうなるとパフォーマンスが下がったように見える。平均への回帰は、結果を額面どおり受け取る前に注意が必要だと警告する。飛び抜けたスコアは主に偶然のおかげかもしれないのだ。

ということは逆も言える。飛び抜けたパフォーマンスが部分的にでも有利な偶然のおかげなら、とりわけひどいパフォーマンスも部分的には不利な偶然のせいということになる。
この話をふまえると、あらゆる類いのランキング（スポーツチーム、外科医、学生、大学などなど）についてはっきり言えることがある。上位にいる要因の大半が偶然なら、次回は下位に沈む可能性が高い。
二〇〇〇年のノーベル経済学賞を受賞した心理学者ダニエル・カーネマンは、この概念を取り上げて次のように述べている。

この仕事をしていて心から満足した経験の一つは、イスラエル空軍の訓練教官に、訓練効果を高めるための心理学を指導していたときのものである。……私が感動的な講義を終えると、ベテラン教官の一人が手を挙げ、自説を開陳した。それはこうだ。うまくできたら誉めるのは、たしかにハトでは効果が上がるのかもしれないが、飛行訓練生に当てはまるとは思えない。訓練生が曲芸飛行をうまくこなしたときなどには、私は大いに誉めてやる。ところが次に同じ曲芸飛行をさせると、だいたいは前ほどうまくできない。一方、まずい操縦をした訓練生は、マイクを通じてどなりつけてやる。するとだいたいは、次のときにうまくできるものだ。だから、誉めるのはよくて叱るのはだめだ、とどうか言わないでほしい。実際には反対なのだから。(8)

（『ファスト&スロー』、村井章子訳、ハヤカワ文庫より引用）

まさに平均への回帰が効いている!

科学における選択バイアス

科学界において、選択の法則は2章でも触れた「選択バイアス」という形で現れる。たとえば、一八世紀の終わりごろ、医師であり学者でもあるウィリアム・ウィザリングはキツネノテブクロという植物がむくみを緩和することを発見し、それを『キツネノテブクロおよびその医用の一部に関する報告』で説明したのだが、同書に彼は次のように記している。「その気になれば都合のいい症例ばかりを挙げるのは簡単だった。そうした症例における治療の成功は、この薬の効きめを大いに喧伝し、もしかすると私自身の評判を吹聴したかもしれない。だが、真理と科学がこのやり方を非難するだろう。よって私はキツネノテブクロの処方例すべてを、適切だったか否かによらず、効果の有無を問わずに述べることにする」(9)。彼は症例を選ぶことが誤解を招きかねないと理解しており、それを避けようと腐心したのである。

拙著『情報生成――データはいかに世界を支配しているか』(10)で、私は科学史上の著名人がみずからが温めていた考えを支持する結果を選んでいたと思われる事例をいくつか挙げた。たとえば、たいていの感染症が微生物によって発症することを発見したルイ・パスツールの例や、電子の電荷を測定したロバート・ミリカンの例だ。ミリカンに至ってはデータを選ぶと明言している。「[質の低い結果が]他の観測結果と符合しなかった場合、私ならそれを破棄する」[11]。あえて言及しているということは、彼はその危うさを認識していたようだ。結果を選ぶことが結論をゆがめる一形態だと言うなら、実験を行なってデータを集めたあとに、検証しようとする仮説を決めることもそうだ。これはhypothesizing after the results are known（結果がわかったあとに仮説を立てる）の頭字語としてharking（ハーキング）と呼ばれている。これならデータが支持する仮説を簡単に立てられるに決まっている！　こう説明されると見るからに危ういやり口に思えるが、効果は概してずいぶんさりげなく現れる。たとえば、研究者がデータをふるいにかけ、ある決まった傾向の兆しを見いだしたあとに、もっと詳しい統計分析を同じデータに対してかけて検証して、見いだした傾向が有意かどうかを確認するのである。だが、どのような結論が出ても、それは傾向の兆しを見いだした当初の考察でゆがめられている。

　選択バイアスのバリエーションとしてつとに注目を浴びてきたのが、やはり2章で触れた「発表バイアス」だ。これは、科学誌がある現象を示した研究を示さなかった研究より優先して掲載することを指す。「ファイル引き出し効果」と呼ばれることもあって、この呼び名は発表されない研究結果がファイルの引き出しにしまわれ、科学文献に掲載されるような論文が書かれないという事実の表れだ。

　もっともなことではある。そもそも、ある薬に効き目があるという結論の研究はその薬に効き目がないという結論の研究より人の気を惹く。よって、書く側は結論が効果ありだった場合に比べてなしという結論の論文を送りたがらないし、編集サイドも有効とされたものを掲載対象として受理しがちになる。薬が効かないことを示す論文で自誌を埋めたがる編集者がどこにいる？　だがその結果、薬の有効性について誤解を招きかねない印象が与えられる。

残念ながら、現状は〝誤解を招く〟では済んでいない。薬の治験において、普通は検証が複数行なわれることになっている（複数の治験の実施は医療管理当局による必須事項だ）。だが、現実の症状の重篤さは時間とともに変わる。薬に効用がなくても、快方に向かったように見える患者はまったくの偶然で出てくるのだ。その結果、一部の治験では本当は効かない薬が効いたように見えてくる。そしてここで発表バイアスが登場する。治験の結果を記述した論文が書かれ、発表を目指して雑誌に投稿されるはずだ。そして先ほど見たように、効果を示していそうな内容の論文のほうが書かれ、送られ、受理されがちである。選択プロセスが発生して、まったくの偶然による効果が記載された論文が不釣り合いなほど数多く送られ、掲載が認められる。効果がなかったことに関する論文はえてして途中で脱落していく。

発表バイアスによる興味深い成り行きの一つとして、発表された「発見」がのちに反証される傾向が見られている。先ほどのサイコロと交通事故の例にまさに相当していて、平均への回帰の結果だったのである。治療による見かけの効果が偶然の産物だった場合、同じ治療をあとで用いても、あるいはその研究を再現しても、効果は見られないはずだ。スタンフォード大学の疫学者ジョン・イオアニディスはこのことに関して、「現在発表されている研究成果のほとんどが誤りだという懸念が高まっている」[12]という極端な意見をもっている。

選択の法則によって生じうるゆがみは多くの自己選択調査でも見られている。自己選択型の調査は大手メディアによって、あるいはウェブ上でよく実施されている。どのような調査も回答者の集団を慎重に選ぶことを通じて、それに基づくいかなる結論も母集団全体の見解を代表したものになるようにする必要がある。特に、質問に特定の方法で回答する可能性の高い集団が最も回答しそうな集団でもある、という作りにしてはならない。そんなことは当然と言っていいだろう。にもかかわらず、週刊誌や新聞やウェブはそうした調査でいっぱいだ。その愚かしさは極端な「調査」を想像するとわかる。たとえば、ある雑誌の読者が調査に回答するかどうかを調べようと、「あなたは雑誌の調査に回答しますか？」という質問だけを問うような――そして「はい」という答えの割合に基づいて結論を導くような――調査を。

私好みの一例に、《ザ・アクチュアリー》誌の二〇〇六年七月号に掲載されたものがある。読者へのメッセージにはこうあった。「数カ月ほど前、私は皆様――合わせて一万六二四五人――に編集子の性別に関するオンラインアンケートへの参加を呼びかけた……ここに、複数名（具体的には一三人）からご協力いただいたことを報告する」。同誌はかくも少ないサンプルに基づいて結論を下すことの愚かしさを認識していたわけだが、自己選択型調査がそもそも抱えている危うさは認識していなかったようである（読者へのメッセージはこう続いていた。「この結果から導ける一つの結論は、保険数理士はオンラインアンケートに答えないということだ」）。

選択の法則の影響で結論がゆがめられるという問題には注意が必要で、とりわけ、一見低い確率が見積もられる原因として用心すべきである。この法則が微妙な形で効果を及ぼす例をいくつか紹介しよう。まずは不確かさが大きいほど有利になるケースだ。

ある仕事のために最も有能な担当者を選ぼうとしており、その目的で候補者にテストを受けてもらうとしよう。ご存じのように、テストの点は能力の完璧な尺度ではない（学校で受けたテストを思い起こすと、どんな問題が出たか、前の晩にどれほどよく眠れたか、などによって点が思ったより良かったことも悪かったこともあっただろう）。今回は、候補者が二〇人いて、全員が同じ能力をもっている――テストを何度も実施すれば全員のテストの平均点が同じになる――が、そのうち一〇人の点の振れ幅がそれ以外の一〇人よりかなり大きいとする。

具体的には、たとえば候補者のうち一〇人が四五〜五五点を取りそうなのに対し、それ以外の一〇人は二〇〜八〇点を取りそうだというわけである。どちらのグループに属する候補者も平均は五〇点だが、後者に属する候補者のほうが点の振れ幅が大きい。担当者を決めるため、最高点を取った候補者を一人選ぶことになっている。言うまでもなく、該当者は振れ幅の大きい後者に属している可能性がはるかに高い。ここにおいて、候補者の能力の平均は同じでも振れ幅の大きいほうが有利、というバイアスが働く。ある仕事に適した人材を選ぶという目的に対し、このバイアスには明らかな欠点がある。そのテストで仕事の遂行能力が本当に測れているとしても、選ばれそうな候補者はその仕事で最悪のパフォーマンスを見せる可能性も高いことになるのである。

次に、一〇種類の薬を比較すべく、三〇人の患者からなる異なるグループをそれぞれの薬に割り当てた場合を考えてみよう。すべての薬の効き目がまったく同じだったとしても、患者グループのどれかが最高点を取るだろう（どのような数の組み合わせからなる集合にも、そのなかに最大の数が存在する）。だが、該当グループの点をそれがその薬に今後も見込まれる効き目だとそのまま解釈したなら、偶然に乗じたことになる。最高点は薬効を過大評価している可能性が高い。三〇人の患者からなる別のグループに同じ薬を投与すれば、平均への回帰によって、新たな点は前より低くなると思われる。

治験における選択の法則の実例には「脱落バイアス」というものもある。患者が調査から抜けることはまったく珍しくなく、時間が経つにつれて人数が徐々に減っていくことがある。抜ける理由には引っ越しや死去、あるいは単に薬をのむのが嫌になったというものもありそうだ。だが、減少の理由が、快方に向かい始めた（薬が効いた）一部の患者が治験のために病院通いを続ける動機をなくしたからだったとする。このような患者は、薬が効かなかった患者と同じ扱いをされるだろう。分析で脱落者を何らかの形で許容していない限り、実際は効いている薬が効いていなさそうに見えるのである。

「期間バイアス」も選択の法則によって現れるゆがみの一つだ。その効果は、選択の確率が期間に左右される場合に現れる。たとえば、風邪の症状が平均どれくらい続くのかを知りたいとしよう。それを調べるのに、一月一日の時点で風邪をひいていた人（のうち医療センターを訪れた人）を選んで症状がいつ始まったかを訊き、いつ消えるかを追跡したとする。厄介なことに、風邪が長引いた人ほどこの調査の対象になる可能性が高い。前年のいつかに風邪の症状が始まって一年間続いていた人は、当然この調査の対象になる。だが、前年のいつかに症状が始まったが一日しか続かなかった人は、おそらく対象にならない。具体的には、風邪の症状が始まる確率が毎日同じなら、症状が一日しか続かなかった人の三六五分の一しか調査対象にならない。そのため、この調査方法では症状が短期間しか続かない人の数を大幅に過小評価することになる。平均の日数を計算すると、本来よりずいぶん長い期間が誤ってはじき出されるのである。

実例はほかにも数え切れないほどあるが、最後にあなたも経験したことがあるかもしれない例を挙げよう。ある言葉に初めて出くわして間もなく同じ言葉に再び遭遇するというケースである。これを引き起こしうる要因はいろいろあって、そのうちいくつかをあとで検証するが、選択の法則もその一つだ。十分まれな語彙があって、あなたが読むものに平均して約一〇年に一度しか出現しないとする。これは平均なので、語彙によってはあなたが初めて目にするまでの期間が長い――もしかするとその時までの読書人生まるまる――というものもあろう。だがひとたび目にしたなら、それは平均して一〇年に一度出現するので、一〇年も待たずにもっとすぐ再び出現する可能性が十分あり、あなたは短期間のうちにまたお目にかかって驚くことになる。これも選択の法則の表れである。

選択の法則はいろいろな捉え方が可能だ。この法則をもとに、事後に選択することで確率を変えるやり方がわかる。結果がわかるまで待って予測を実現させる方法がわかる。ロトの当選金――残念ながら当選確率ではない――をできるだけ上げる方法がわかる。この法則のバリエーションである平均への回帰は、上がったものは下がるはずだと教えている。何かをまったくの偶然でとてもうまくやりおおせた場合は、次はそれほどうまくいかないものと思っているべきだ。そして、選択の法則はあちこちに顔を出す。慣れてきたら実例にほぼ毎日お目にかかることだろう。

次章では、ありえなさの原理をなす異質なより糸である確率てこの法則を見ていく。この法則によれば、私たちの思考におけるわずかな違いが確率に途方もなく大きな影響を及ぼしうる。

7章　確率てこの法則

好機は備えある者にのみ味方する。

――ルイ・パスツール

ほんの小さな種《たね》から

あなたは幹線道路を車で走り、予定どおりの道順を進んでいる。チェックしておいた目印のいくつかを通り過ぎるうち、ふと何かを見逃した気がしてくる。地図であの村の名前を見た覚えがない。そのまま進むが、なじみのない地名がどんどん出てくる。ついに自分がどこにいるのかわからなくなる。何もかも予定と違う（そしてやっぱりGPSナビを買っておけばよかったと後悔し始める）。

この章では、気になるこうした食い違いの原因を取り上げる。テーマは世界のモデルと〝ありえなさ〟だ。

ヘッジファンド史をつづった著書『ヘッジファンド――投資家たちの野望と興亡』（三木俊哉訳、楽工社）で、セバスチャン・マラビーは次のように述べている。「［一九八七年］一〇月一九日のS&P500先物取引に見られた規模の下落が起こる確率は10^{160}――1のあとにゼロが一六〇個並ぶ数――分の一だった。つまりどういうことかと言うと、宇宙の推定年齢の上限とされている二〇〇億年のあいだ株式市場が開き続けたとしても、さらには、ビッグバンのたび市場が再開して二〇〇億年続くというのが二〇回連続したとしても、あれほどの大暴落は起こりそうにないというのである」(1)

ボレルの法則に言わせれば、マラビーの例くらい起こりそうにない出来事にはとにかく遭うはずがない。この法則は確率値が十分に低い出来事は決して起こらないと主張しており、10^{160}分の一という確率は誰の目にも「十分に低い」。ならば、どういうことなのか？　それほど起こりそうにない出来事なら遭遇するはずがないのに、一九八七年一〇月一九日に私たちは遭遇した。

その答えは、私が「確率てこの法則」と呼ぶありえなさの原理のより糸に根ざしている。力学の「てこの法則」は、重さの違う物体が横材のどこでバランスを取れるかを説明する――二人がシーソーに乗っている様子を思い浮かべてみよう。体重が軽いほうの人は支点から離れて座ることで、支点の近くに座る重いほうの人と釣り合いを取ることができる。重いほうの人の座る位置が支点から少しでも離れたり、重いほうの人の体重が少しでも重くなったりすると、板が傾いて軽いほうの人が持ち上がる。

同じように、確率てこの法則によれば、環境に生じたわずかな変化が確率に途方もなく大きな影響を及ぼしうる。そうした変化がとても小さい確率値を一転させるのである。

ここで、私は今あなたを少々ミスリードしていることを白状せねばならない。前出のセバスチャン・マラビーの引用は一部省略されている。あの部分全体は「正規確率分布の観点では、……」と始まっているのだ。3章でも紹介したが、正規分布はある状況において私たちが何かを測定あるいは観測したときに特定の値を得る確率を示している。

というわけで実はあの引用は、相場における変動の規模が正規分布に従うとするならば、一九八七年一〇月一九日のS&P500先物取引に見られた規模の下落が起こる確率は10^{160}分の一、という主旨なのである。さて、科学理論が観測結果と一致しないなら、理由がいくつか考えられる。まずはデータに何か不備がある可能性だ——測定値に何らかの誤差が含まれていたというわけである。また、理論そのものに何らかの誤りがあることも考えられる（前提が間違っていたとか）。

相場の変動が正規分布に従うというのは魅力的な仮定と言える。正規分布にはとても便利な数学的性質があって、理論を組み立てるのもそれを用いて予測するのも比較的簡単になるからだ。さらに、前にも述べたように、観測結果は実際に大ざっぱに正規分布に従うことが多い。だがこの「大ざっぱに」というところが肝心だ。なにしろ、金融関係者は今では、相場の変動は大ざっぱに正規分布に従うものの厳密に従っているわけではないと認識している。そして確率てこの法則が忍び込んで正規分布からのごくわずかな逸脱に乗じてそれを増幅し、ゆくゆく途方もない影響を及ぼすのである――マラビーが述べたような派手な影響を。この法則がそれをやりおおせる仕組みを理解するためには、まず正規分布を詳しく見ていく必要がある。

正規分布、再び

3章では、正規分布がよく「釣鐘形」と呼ばれるとお伝えした。だが、数学者はこの形をもっと厳密に定義しており、平均と、平均の周りに値がどれほどばらついているかを示す分散（あるいは「標準偏差」）とに基づいて、正規分布の形を示す具体的な式を与えている。平均と分散がわかると、正規分布の数式を使って、ランダムに選ばれた値が任意の範囲内、たとえば0～1や−1～+2の範囲に入る正確な確率を計算できる。

図7・1は、三つの正規分布を引き合いにこのアイデアを示している。考えやすくするため、これを三つの異なる――たとえば三種類の教え方をされた――生徒グループのテストの点だとしよう。各分布の中央はそれぞれの平均である。任意の点数における曲線の高さはその点数にきわめて近い値を得る確率だ。見てのとおり、確率は各分布の中央付近で最も高く、よって、どのグループから生徒をランダムに選んでも、その生徒の点数は属するグループの平均に近い可能性がとても高く、極端に高かったり低かったりする可

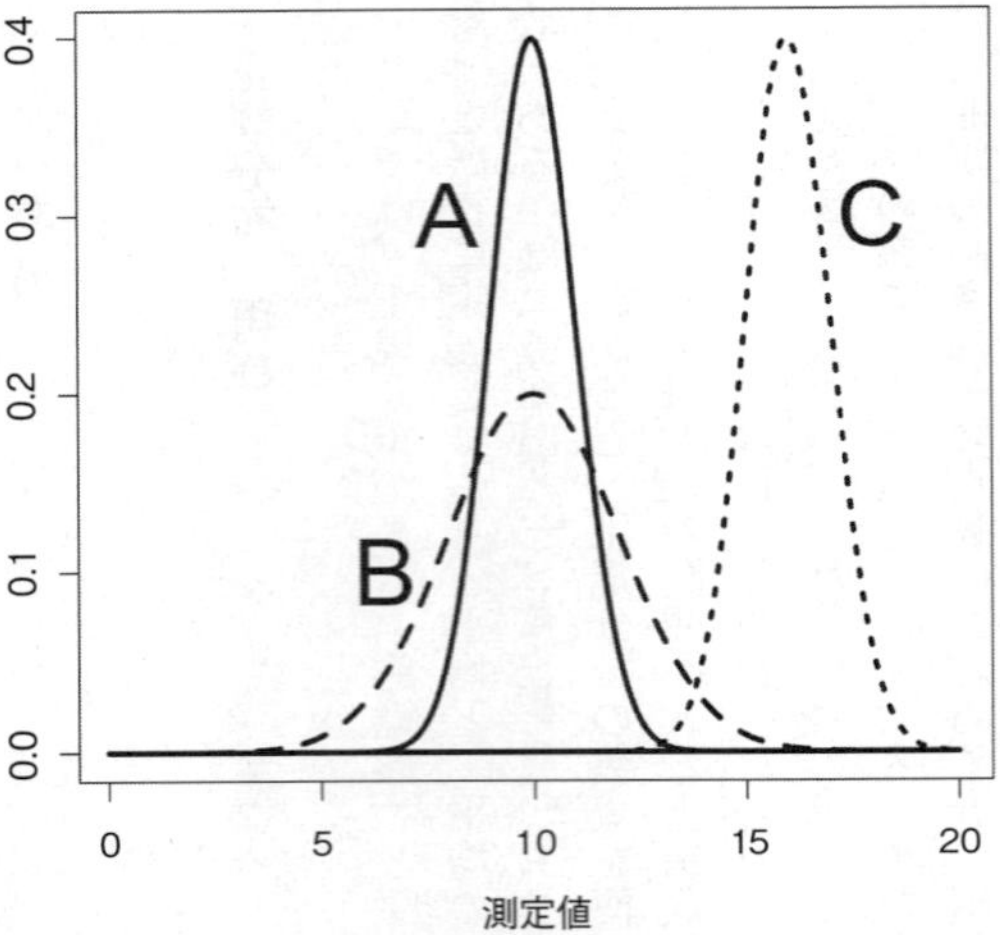

図7・1　3種類の異なる正規分布。Aは平均が10、分散が1、Bは平均が10、分散が2、Cは平均が16、分散が1である。

能性は低い。分布の高さも中心から離れるほど左右対称に下がっており、そのためたとえば生徒の点数が平均より三点高い可能性と三点低い可能性は同じである。

分布Aは平均が10で分散が1だ。分布Bは平均はやはり10だが分散が2と大きい。Bのほうがばらついているので、平均から離れたところではAよりBのほうが高くなっている。たとえば6と14という値において、Aの高さは実質的にゼロだが、Bにはそれなりの高さがある。よって、BのほうがAより極端な値が得られる確率が高いとわかる。

この例では、テストの点の分布Bに属する生徒はAに属する生徒より極端な点を取る傾向にある（そんなことがあるのかと思うかもしれないが、興味深い事実があって、一部の心理テストでは男子の点の分散が女子のそれより大きいようだ。そのテストでは男子のほうが高得点や低得点が多く、平均近くが比較的少ないのである(2)。

分布Cは、分散はAと同じだが平均が違う。概してCのテストの点はAやBより高い傾向にある。だが、Cに見られる平均に対する値の分散はAに見られるAの平均に対する分散と同じであり、Cに属する誰かがCの平均より三点高い点を取る確率は、Aに属する誰かがAの平均より三点高い点を取る確率と同じだ。

ここでの要点は、図7・1に示されている三つの分布はそれぞれ異なり、Aに対してCは右にシフトし、Bは押しつぶされているが、どれも同じ基本的な形をしていることにある——この形はある決まった数式で与えられており、この形こそが正規分布の意味するところである。

マネー、マネー、マネー

（訳注　スウェーデンのグループ、アバに同名のヒット曲がある）

正規分布に関する先ほどの議論を念頭に置いて、一九八七年の大暴落の話に戻ろう。一〇月一九日のいわゆる「ブラックマンデー」に、ダウ工業株平均が二二・六パーセントという一日での史上最大の下げ幅を記録した。同月末までに世界中の株式市場で大暴落が起こり、アメリカでは二三パーセント、イギリスでは二六パーセント、オーストラリアで四二パーセント下がった。

その一〇年後の一九九八年、ロングターム・キャピタル・マネジメント（LTCM）というヘッジファンドが破綻した。ロジャー・ローウェンスタインはそれが起こる確率をこう説明している。「同社が持続的な不運——一カ月でその資本の四〇パーセントを失うなど——に見舞われないことのオッズは考えられないほど高かった……そうした数値によれば、いわゆるテンシグマ事象でも起こらない限り……同社がその資本を一年のうちにすべて失うことはなさそうだった」(3)

「テンシグマ事象」という表現は、要はきわめて起こりそうにない結果だという意味で、その出どころは正規分布の分散である。正規分布の分散や標準偏差（分散の平方根）は、一般にギリシャ文字のシグマ（σ）を用いて表記される（分散はσ^2、標準偏差はσ）。よって、テンシグマ事象ないし10σ事象とは単純に、値がとにかく大きく、平均より少なくとも標準偏差の一〇倍大きい、ということだ（平均より少なくとも標準偏差の一〇倍大きいまたは小さい、という両方を含む意味のこともある。正規分布は対称なので、平均より少なくとも標準偏差の一〇倍大きいまたは小さい値が得られる確率は、大きいほうの値が得られる確率の二倍になる）。先ほど見たように、分布の形から言って極端な値が得られる確率は値が平均から遠いほど低いので、10σ事象の確率は5σ事象の確率よりずいぶん低い。表7・1を見

表7・1

正規分布における5、10、20、30σ事象の確率

5σ事象の確率	350万分の1
10σ事象の確率	1.3×10^{23} 分の1
20σ事象の確率	3.6×10^{88} 分の1
30σ事象の確率	2.0×10^{197} 分の1

るとどれくらい低いかがよくわかる。この表には5、10、20、30σ事象の確率を挙げた。5σ事象（正規分布の平均より少なくとも標準偏差の五倍大きい値）の確率は2.867×10^{-7}、すなわち約三五〇万分の一である。10σ事象の場合は約一三〇〇〇〇〇〇〇〇〇〇〇〇〇〇〇〇〇〇〇〇〇〇分の一だ。

　ＬＴＣＭの破綻から一〇年ほど経った二〇〇七年八月、再び大暴落が起こった。ゴールドマン・サックスのＣＦＯはそれを「数日連続の二五標準偏差事象」と形容した。《マネーウィーク》の寄稿者ビル・ボナーは「あのとき、一〇万年に一度くらいしか起こらないとされていたことが起こっていた(4)」と振り返っている。

　なにやらこの二つの金融ショックが、ほかにもあったようなつらい思い出という気がしてくる。二〇〇七年の三年後、デニス・ガートマンは二〇一〇年五月七日金曜日付の《ガートマンレター》でこう述べた。「昨日われわれが目《ま》の当たりにしたのはまったく先例のない規模での動きの連続で、ノルムに対する第六、第七、第八標準偏差に当たる通貨価格変動を伴っていた。……第一二『シグマ』事象というものがあるならそれだった。

……言われているところによれば、釣鐘曲線の端のほうの『あのあたり』で価格があれほど大きくシフトすることは数千年に一度しか起こりえない」[5]

もうご同意いただけると思うが、私が思うに、こうした出来事はガートマンの言うような「まったく先例のない」出来事などではなく目立つ先例があり、私が取り上げたいくつかは一つの大暴落系列に属する最近の出来事にすぎない。現に、経済学者のカーメン・ラインハートとケネス・ロゴフがまさにこうした出来事について歴史を約八世紀にわたって振り返って調べている。[6] 少なくとも前出の著者らはそうしたことはきわめて起こりそうにないはずだと言うが、ならばその〝ありえなさ〟加減はそうしたことが起こり続けているという事実とどう両立するというのだ？

実はビル・ボナーは、一〇〇万年に一度ほどしか起こらないはずの物事が起こっていたという先のコメントをこう続けている。「そうであるか、……あるいはゴールドマン・サックスのモデルが間違っていた」。まさにそのとおり、モデルが間違っていたのだ。ゴールドマン・サックスのモデルは、価格変動が正規分布に、すなわちマラビーが私たちに注目させたあの分布に従うという前提に基づいていた。この前提が正しくなく、価格変動が正規分布ではない別の形で分布しているなら、あのような大暴落は予期すべきものなのかもしれない。これが確率てこの原理の本質だ。モデルに対するわずかな変更や、私たちが思うところのわずかな不正確さが、確率の違いという形で途方もなく大きな影響をもたらしうるのである。

正規が正規でなかったら？

相場の変動の分布は、正規分布でないなら何かほかの形のはずである。わずかに違う形の一つを図7・2に示した。実線は先ほどと同じ平均10、分散1の正規分布で、破線の形は「コーシー分布」と呼ばれている(7)（名称の由来は一九世紀フランスの数学者オーギュスタン＝ルイ・コーシーで、その名が冠された数学概念の数が誰より多いと言われている）。正規分布とコーシー分布の二つは違う――異なる数式で記述され、各値から得られる確率は異なる。だがご覧のとおり、そうは違わない。この二つは混同しやすそうだ――本当はコーシー分布なのに正規分布を扱っていると思い込みそうである。

こうした違いが本当に問題となるかどうかを確かめるため、正規分布を似た形のコーシー分布に変えると20を上回る値に対する確率がどうなるか検証してみよう。子供のテストの点にたとえて言えば、ある子が「天才的な」点数を取る確率を考えてみることに当たる。

正規分布の場合、二〇点を上回る確率はたった1.3×10^{23}分の一だ（表7・1のとおり）。これは公正なコインを投げて最初から七七回続けて表が出る確率に等しい。なんと低いことか！　あまりに低くて、現実問題としてはボレルの法則から言って起こるとは思えない。

一方、コーシー分布の場合、二〇点を上回る確率は三一分の一である。これは公正なコインを投げて最初から五回続けて表が出る確率に等しい。ずいぶんありそうだ！　実際、一〇

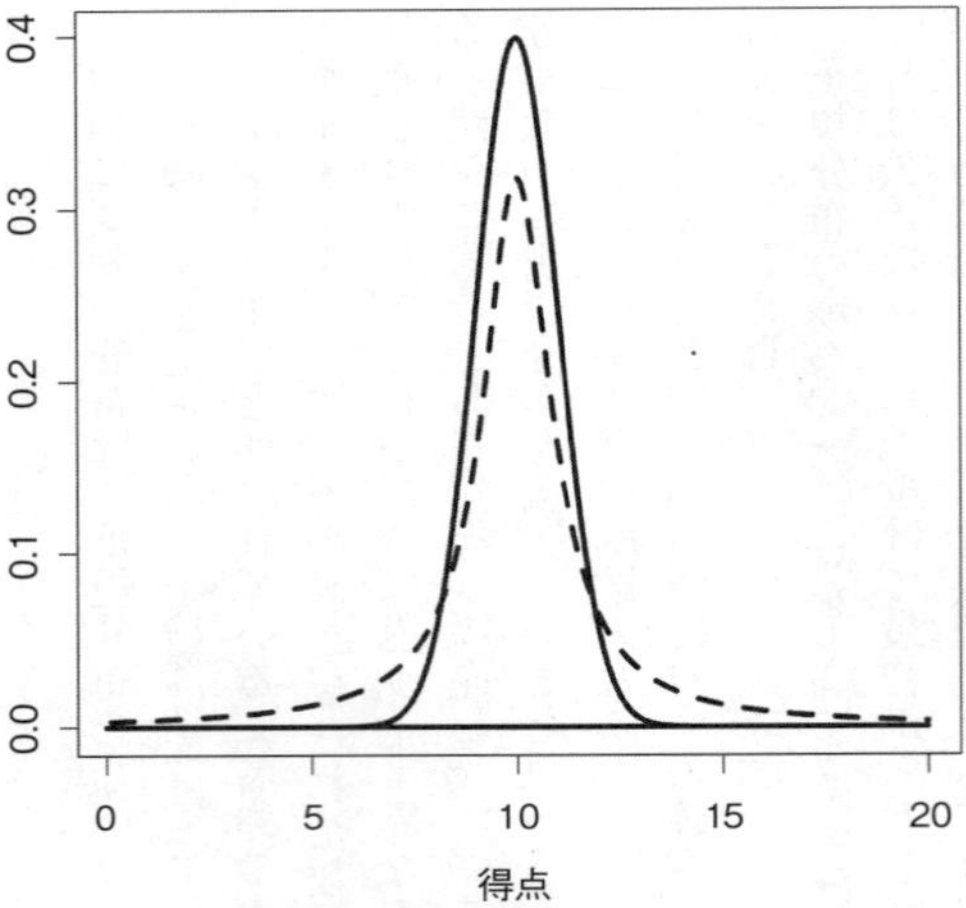

図7・2　正規分布（実線）とコーシー分布（破線）の比較。

○人に三人はそうした点を取っておかしくない（なので、優秀ではあるが天才というほどではないのかもしれない）。

テストの点の分布が本当はコーシー分布なのに正規分布だと思い込んでいたなら、天才的な点を取る確率を4.2×10^{21}分の一、あるいは四二○○○○○○○○○○○○○○○○○○○○分の一と小さく見積もっていたことになる。なんたる過小評価！

確率てこの法則はこうして効いてくる。分布の形がわずかに――図7・2の片方の曲線からもう片方へ――変わることで、きわめて低かった確率が、いつもの列車が遅れる確率、鉛筆を落とす確率、にわか雨に降られる確率、といった普通の出来事のレベルにまで変わりうる。ある前提ではあまりにありそうもなくて宇宙史上を通じて起こりそうにない事象が、ほとんどわからないほどわずかに違う別な前提では、毎日起こっても不思議でなさそうに思えてくるのである。

表7・2は表7・1の拡張版で、コーシー分布の対応する確率を書き加えてある。5σ事象が平均より少なくとも標準偏差の五倍大きな値が得られる確率であることをふまえてこの表を見ると、そうした「まれな出来事」はずいぶん頻繁に起こるものと思っていたほうがいいとわかる。

なぜ正規でないか？

確率てこの法則の議論は大暴落の例から始めたが、この法則に関して金融が特別なわけではない。どのような分野でも、分布のわずかな変化は大きな影響を及ぼしうる。さて、確率分布はたいてい正規分布だと想定されるが、3章で指摘したとおり、正規分布は自然界には存在しない――得られるのが厳密に正規分布ということは決してないのである。そして先ほど見たように、正規分布と少しでも違う分布を正規分布だと想定すれば、途方もなく大きな影響がもたらされうる。

正規分布との違いを生む一般的な様態の一つに混合がある。混合の起こり方はさまざまで、たとえば調査していた母集団が実は性質の異なる部分母集団からなっていた、ということが

表7・2

正規分布とコーシー分布における5、10、20、30σ 事象の確率

	正規	コーシー
5σ 事象の確率	350万分の1	16分の1
10σ 事象の確率	1.3×10^{23} 分の1	32分の1
20σ 事象の確率	3.6×10^{88} 分の1	63分の1
30σ 事象の確率	2.0×10^{197} 分の1	94分の1

ある。パンの重さの分布を考えてみよう。パン屋の主《あるじ》は目指す重さを決めているが、厳密に一致することはまずなく、パンはわずかに軽くなったり重くなったりする。主のパンが目標から極端に離れることはまれで、よってパンの重さはだいたい正規分布に従うだろう。ここで、徒弟も何個か焼いており、徒弟のほうはパン一個に必要な小麦の量を少なめに見積もる傾向があるとしよう。すると、店頭に並ぶパンの重さの分布は、主が焼いたパンの重さの分布と徒弟が焼いたパンの重さの分布とを足し合わせたものになる。主の正規分布が徒弟の分布との混合によってゆがめられるのである。

選択の法則の結果として正規分布から逸脱することもある。たとえば、恒星のもつある性質が理論上は正規分布に従うと考えられていても、現実には、遠くうす暗い恒星はそこから届く光が少ないせいで検出されにくい。そのため正規分布の左側、すなわち値が小さいほうの観測件数が少なくなる。これにより分布の形が変わり、対称ではなくなる――そうなればもう正規分布ではない。前に挙げた例と同様、これはデータ収集時には些細な影響だが、確率てこの法則によって確率

予測に大きな影響が及びうる。

カタストロフィー、蝶、宇宙の果て

確率てこの法則と関連のある現象はほかにもいろいろある。その一つが「カタストロフィー理論」で扱われるようなものだ。少し乱しただけでは状態に小さな変化しか及ばない系は、「安定」状態にあるとされる。それに対し、条件がわずかに変わっただけで突如として大きく変化してまったく異なる状態に移る系もある。たとえば、コップの水を一〇℃から二〇℃の範囲で熱したり冷やしたりしているとする。水は温まったり冷めたりするだけで、ほかには体積が目に見えないほどわずかに増減するくらいだ。ここで、温度範囲を広げてマイナス四℃まで下げるとしよう。すると零度を境に劇的な変化が起こる。水が凍るのだ。零度付近で温度がわずかに変わると、あの物質は液体から固体に変わる。カタストロフィー理論はこうした劇的な変化を詳しく説明し、それがさまざまな形で起こりうることを示している。「ドミノ効果」も関連のある現象だ。こうした現象を示す系は本質的に不安定で、小さな初期変化に始まって大きなさらなる変化へと進み、その間《かん》に往々にして規模の小さな中間事象の長い連鎖を経る。名称の由来はもちろんずらりと並んだドミノで、先頭を倒すと次が倒され、それがまた次を倒し、と続くのである。

3章ではカオスとバタフライ効果についても触れた。そこでは系の初期状態の不確かさやわずかな違いがもとでのちのち突如として途方もなく大きな影響が及びうる仕組みを見た。著名な物理学者マイケル・ベリーがその見事な例を挙げている。[8] 彼によれば、宇宙に存在するあらゆる物体は重力で結び付けられており、そのため理屈の上では、ある物体の乱れがそれ以外のすべての物体に、遠く離れたものにはごくごくわずかではあるが、影響を及ぼすことになる。ベリーは、宇宙の果て（およそ10^{10}光年のかなた）から電子を一個だけ取り除いたとき、その変化が地球上で酸素分子どうしがぶつかって飛んでいく角度にどのような重力的影響を及ぼすかを思い描いた。

ベリーによれば、五六回前後衝突すると、飛んでいく角度は電子が存在する場合とまったく違ってきておかしくない。酸素分子が空気中で分子どうし、あるいは壁などの物体にぶつかって回る経路を追跡しているところを想像してみよう。どれかの分子を追跡してみると、その経路は宇宙の果てに電子が一個あるかないかによって六〇回衝突する前にまったく違ってくるというのだ。

空気の場合、各気体分子が衝突する時間間隔は平均約一〇〇億分の二秒、すなわち毎秒約五〇億回衝突する。つまり、宇宙の果てで電子を取り除いたことが、わずか一億分の一秒後にあなたが吸っている空気に含まれる酸素分子の経路をすっかり変えるのである。

また、ベリーによると、ビリヤードではプレーヤー二人分の質量の存在がもとで、台上でボールがはじかれる方向がわずか九回の衝突後にまったく違ってくる。プレーヤーがテーブルのまわりを動くことで、ボールが特定の経路をたどる確率が大きく変わるのだ。これも確率てこの法則の効果である。

確率てこの法則の実例は、目の付け所を把握したとたん簡単に見つかるようになる。たとえば、超感覚知覚（ＥＳＰ）界の実験で。

アリスター・ハーディーのＥＳＰ実験

ＥＳＰ界で行なわれたある大規模な実験については、アリスター・ハーディー、ロバート・ハーヴィー、アーサー・ケストラーによる『偶然の挑戦』(9)に詳しい。それはこんな実験だった。大ホールで二〇〇人が椅子に座っており、二〇人の「受け手」が一八〇人の「送り手」と分け隔てられている。研究者らは送り手に写真を見せ、送り手は意識を集中してそれを念じて受け手に送り、受け手は受け取ったと思った内容をスケッチする。同書には実験で用いられた大量の写真とスケッチが載っている。

この実験は実に手が込んでいた。二〇〇人の被験者は全員が送り手と受け手を順番に務める。受け手は二〇人ずつ選ばれ、全部で一〇セット行なわれる。実験期間中は毎晩二セットずつ、七週間にわたって週七日毎晩繰り返される。二〇人の受け手は前と横が仕切られた中に座る。仕切りは教室に並ぶ机のように四×五列になっている。一八〇人の送り手は受け手のいる区画の前方か左右どちらかの側方に陣取っており、そこからはホールの端に提示される絵や写真が見える。受け手からは送り手も提示も見えない。

セッションが始まるたび、サー・アリスター・ハーディーがまず「採用されていた手順を説明し、どの実験が行なわれている最中も全員が物音を一切立てないことの重要性を強調した。たとえば、ため息をつく、驚いて息をのむ、クスッと笑う、などのちょっとした物音を無意識に立てたりしないようにする必要があった。提示されている絵や写真について何らかの性質をほのめかすことになりかねないからである」[10]

ハーディーの助手が試験監督のごとく受け手の背後を歩き回り、受け手のあいだで、あるいは受け手と第三者のあいだで、いかなる共謀もなされていないことをチェックした。受け手にはそれぞれ紙とペンが与えられ、絵や写真が提示されたことを示すブザーが鳴ったときに心に浮かんだものを何でも、大ざっぱにスケッチするか数ワードで表現するよう指示されていた。絵や写真はコレクションのなかからランダムに選ばれた。

これはあらゆる科学研究に付いて回る問題の一つなのだが、検出された効果に思ったような原因があると一〇〇パーセント確信することは決してかなわない。そうなった原因は何かほかにあるかもしれないのだ。この問題を乗り越えるべく、科学者は対照群を用いる。対照群は治験の話ですでに言及したとおりで、この場合は片方が本物の薬を、もう片方がプラセボを投与されることを除いて同等な二つのグループを用意する。グループどうしの違いはこの点だけなので、効き目のどのような違いも片方のグループが本物の薬を投与されたという事実に起因することになる。

この問題をハーディーは認識していた。そして対照群（送り手に絵や写真の代わりに空白の画面を見せるなど）を用意することを検討したが、難しすぎて無理だと判断した。理由はおわかりだろう。二〇〇人に週七日毎晩協力してもらい、絵や写真ではなく空白の画面だけを見せるというのはあんまりだ。そこで彼は「並べ替え検定」と呼ばれる少々高度な統計手法を採用し、提示された絵や写真をほかの試行で得られた回答とランダムにペアにした。これにより、どのような一致も直接的なＥＳＰによるものではありえなくなり、まったくの偶然で生じることが予想される一致の割合が得られる。

この実験の計画と、管理されていない影響で結果が左右されないようにする工夫とが、かなり考え抜かれていたことに疑いの余地はない。それでもなお先ほど見たように、確率分布のきわめて小さな変化が本来まれなはずの事象の確率に大きなインパクトを与える。そして、分布にそうした小さな変化を与えるにはごくわずかな影響しか要らない。

当初、ハーディーの実験の結果には見込みがあった。一致の割合が絵や写真と回答とをランダムにペアにしたものより大きかったのだ。だが、大きいだけでは十分ではない。その差は偶然によって簡単に生じうるか？　という、一段深い問い掛けが必要である。たとえば、私がコインを一〇回投げて表を六回出したところで、私が自分には念力があって表が出るよう影響を及ぼせるのだと言い張っても、あなたは到底納得せず、裏より表が偶然多く出ただけだと思うに違いない。統計学者のパーシ・ダイアコニスとフレデリック・モステラーが、ハーディーらの得た差異がまったくの偶然で得られる可能性を統計的に検証した結果をまとめている。[11] 彼らの結論はこうだ。「あの実験は、ＥＳＰないし隠れた同時性の力について確たる証拠をもたらしていない」

ハーディーらの実験で助手が巡回していたと知って思い出すのが、「賢いハンス」だ。この馬は、あたかも計算をしたり時計を読んだりできるかのように振る舞った。誰かがハンスに、たとえば「4引く2は？」のような単純なものから、「ある月の八日めが火曜日なら、その次の金曜日は何日？」のような込み入ったものまで質問をすると、ハンスは答えを蹄《ひづめ》で地面を正しい回数だけ叩いて知らせるのだった。ハンスは調教師がその場にいなくても正しい答えを出せた。

だが心理学者のオスカー・フングストが入念に調べた結果、ハンスが正しく答えられるのは質問者がその答えを知っている場合に限られていた。その場合の正答率が八九パーセントだったのに対し、質問者が答えを知らない場合はわずか六パーセントしか正解できなかったのだ。実はこの馬は、質問者が無意識に発する手掛かりに反応していたのだった。さて、馬にできるなら、助手からの無意識の手掛かりに反応していたであろう受け手の場合はどうだろうか？　思い出していただきたい。結果の確率に大きなインパクトを与えるには、背景確率がほんの少しシフトすればいいのだ。

ただし、ハーディーの実験の場合は、参加者にフィードバックを返すことでややこしさが増していた。彼はこう述べている。「[受け手が] 絵や説明を書き終えるやいなや、その紙は監督者によって回収され、適切な番号の振られた新しい紙が次の試行に備えて配られた。各試行において、用いられた紙がすべて集まると、私は仕切りの内側にいる参加者に立ち上がるよう指示し、対象となっていた絵やスライドを見て自分がそのアイデアを少しでも受け取っていたかどうかを確認させた」

本来、フィードバックは一般には優れたアイデアだ。スキルの向上に何が必要かがわからなくても、単なる「良い／悪い」という評価だけでスキルがそのうち向上してくることもある。そもそも、現実的なスキルの多くがそうして獲得されている。だが今回の場合、フィードバックは物事をややこしくしている。フィードバックによって、受け手たちの頭は次の試行に向けて似たような過程をたどるので、互いに同じ路線で物事を考える可能性が高まるのだ。実験群で三重および四重の一致（予想と実際との一致ではなく、異なる被験者による予想どうしの一致）が対照群よりわずかに多かったのはそのためだと考えられる。

ハーディーはこのことに気づいていた。具体的には、「位置が近い」仕切りにいる受け手たちが「特筆すべきほど似た」絵を描くことが多かったのだ。ただし、描かれた絵にはえてして対象となる絵や写真との共通点がほとんどなかった（ハーディーはまた、「位置が近い」といっても必ずしも隣りあっているわけではないことにも注目した――たいてい通路を挟んでいた。これにより、共謀というわかりやすい説明は排除できた）。彼の言葉を借りれば、「二、三人の互いに近い参加者が小さな共通の思考ポケットを持っているかのようだった」

前の段落を読んだあなたの頭の中で、警報が鳴ったのではないだろうか。彼は自分が確認に乗り出した仮説を検証しているうち、別の興味深い一致に目移りし始めている。お気づきのように、選択の法則、どこでも効果、超大数の法則が発動している。選択の法則が絡むのは、彼はデータを見て普通ではないパターンを見つけて、「おい、見ろ、普通じゃないパターンだ！」と言っているからだ。彼はパターンを見つけてからそこに注意を向けており（納屋の矢の男と同じ）、何を探すかを宣言してから探しにかかったわけではない。どこでも効果が絡むのは、望んでいたパターンを見つけられず、別のパターンを探しているからである。そして超大数の法則が絡むのは、結果に見られうるパターンの数が単純に超大数だからだ。そのうえ、事態はこうした状況から予想できる以上にひどい。「近いは同じの法則」という、ありえなさの原理のまた別の側面も発動しているからなのだが、この法則については次章で説明しよう。

ハーディーは、健全な実験を計画するのがきわめて難しい状況のなかで、考えられるさまざまな影響を管理しようと質の高い仕事をした。なんと言っても、きわめて小さな影響——偶然と考えられるよりほんのわずかに大きい、提示されたものと一致するスケッチの割合——を探す分野なのだ。問題は、ここまで見てきたとおり、基本確率がごくわずかに変わるだけで、確率てこの法則によってあとあと巨大な影響が及ぶことだ。「受け手」たちが自分ではまったく気づくことなく被るごくわずかな影響は、この一致の割合をいとも簡単に統計的にあり得ない領域にシフトさせかねない——ＥＳＰとはまったく無関係に。

ESP実験は、確率てこの法則のせいで間違った結論が導かれがちではあっても、少なくとも無害だ。次に紹介するのは無知がこの法則によって増幅された悲劇的な成り行きの例である。

従属関係

一九九七年、サリー・クラークという若き事務弁護士の当時生後一一週だったクリストファーという子が、寝ているうちに死んだ。どうやら乳幼児突然死症候群（SIDS、寝台死とも）のようだった。痛ましい限りだが、これはどれほど用心していても起こりうる。ところがこの一件は特別で、二番めの子のハリーもわずか生後八週で死んだのである。

サリーは逮捕され、子殺しの容疑で告発された。そして二人の子を殺したとして有罪とされ、一九九九年に終身刑が言い渡された。さて、ここでは証拠の薄弱さ、法医学的証拠の少なさ、死因に関する見解の相違に踏み込むつもりはない。単に誤った前提がいかに間違った確率を導きうるかを示そうと思う。

この件では誤った証拠が小児科医のサー・ロイ・メドウからもたらされていた。彼は統計や確率の専門家ではないのに、ミズ・クラークの裁判で鑑定証人として確率について証言できると考えた。そして、サリー・クラークの場合のように同一家庭で二人のSIDS死が起こる確率は七三〇〇万分の一だと証言した。確率がこれだけ低いとボレルの法則が当てはまりそうだ。つまり、これほど起こりそうにない出来事は目にするはずがない。はずがないのにとにかく目にしたということは、別の説明があるに違いない――この件なら、母親が子供を殺したとか。

　残念なことに、メドウがはじき出した七三〇〇万分の一という確率はある重大な前提に基づいていた。それは二人の死が独立である、すなわちある家庭においてＳＩＤＳ死が一度起こったことはもう一度起こる可能性を大きくも小さくもしないという前提だった。

　子供がＳＩＤＳで命を落とす確率は、平均すると約一三〇〇分の一である。メドウは、サリー・クラークが喫煙者ではなく、裕福で若いという、この手の乳児死亡率を下げる要因を考慮し、代わりに（正しく）八五四三分の一というかなり小さい値を用いていた。その一方で、クラークの死んだ子供が二人とも男児だったという、ＳＩＤＳ死の確率を高める要因を考慮していなかったうえ、あの重大な前提を用いていた。同一家庭であのような死がもう一度起こる確率は一度すでに起こっているかどうかと無関係だとしていたのである。

　3章での説明を思い出していただきたい。二つの事象が独立なら、両方とも起こる確率は別個の確率を掛け合わせた値になる。これがメドウによる計算だった。独立だとするなら、同一家庭にそのような死が二度起こる確率は1/8543×1/8543を計算した約七三〇〇万分の一となる。これが証言された数字で、彼はそれを一〇〇年に一度の出来事だと形容した。

　ここで、分布の形に関する前提がわずかに変化しただけで確率値は大きく変わりかねない、ということが思い出されるだろう。この件では、同一家庭内でのＳＩＤＳ死は独立だと仮定すべきでなかったのかもしれない。そして実際、この前提は不当とされているようだ。データによると、ＳＩＤＳ死が一度起こった場合、次の子供がＳＩＤＳ死する可能性は約一〇倍高まる。二人の死についてメドウが見積もった確率は間違っていたのだ。

まっとうな結論に達するためには、二人の子供が殺された確率と二人の子供がＳＩＤＳで死んだ確率とを比べる必要がある。そのためには、子殺しの統計についても同様の計算をしなければならない。詳細には立ち入らないが、イギリスのソルフォード大学教授レイ・ヒルが次のような結果を得ている。「単独の［ＳＩＤＳ］死は子殺しより約一七対一の割合で多く、二人の［ＳＩＤＳ］死は二人の子殺しより約九対一で、三人の［ＳＩＤＳ］死は三人の子殺しより約二対一で多い」(12)。メドウによる見積もりと、同一家庭内でのＳＩＤＳ事象は独立ではないという認識に基づく見積もりとは一桁違っており、すると確率は殺人ではなくＳＩＤＳによる死を支持することになる。

ヒル教授はこうも述べている。「あの『一〇〇年に一度』という数字を見せられる代わりに、二人めの［ＳＩＤＳ］死が四、五年に一度起こっており、それは同一家庭内での二人めの子殺しよりよくあると知らされたなら、クラーク裁判の陪審員が有罪と判断しただろうかと考えざるをえない」。また、次男のハリーには死んだ時点で、そうした乳児の突然死を引き起こすことで知られる血液感染があったことが、のちに出てきた証拠で示された。

確率に基づく証拠の誤用とさらには誤理解に対する多方面からの批判を受けて、サリー・

クラークの有罪判決は覆され、彼女は二〇〇三年に釈放された。

この一件は広く注目を集め、同じような再審への道を開いた。再審を勝ち取ったなかには、自分の二人の乳児を殺したとして一九九八年に投獄されたドナ・アンソニーや、二〇〇二年に有罪判決を受けたアンジェラ・カニングスなどがいる。この二人の件にはサー・ロイ・メドウによる証言が関係していた。そしてどちらものちに判決が覆され、二人の女性は釈放された。

サリー・クラークの話には悲劇的な結末がある。彼女はあの試練から立ち直ることなく、二〇〇七年三月に死んでいるのが見つかった。急性アルコール中毒だった。モデルにわずかな変化を加えることで、一見すると低い確率値が一変しうる。それが確率てこの法則なのである。

私の確率？　それともあなたの？

確率てこの法則は油断も隙もない法則で、思わぬ形で暮らしに忍び込むことがある。その表れの一つは理屈としては単純明快だが実際には人目を欺くことが多い。平均的な人の確率を平均どころではない人に当てはめたときに効いてくるのだ。一例を紹介しよう。

5章で落雷に遭うリスクについて触れたとき、ある一年のうちに落雷で命を落とす確率は約三〇万分の一だと紹介した。だがこれは平均であり、世の中には確率が平均より高い人も低い人もいる。そして、確率が高まりそうなライフスタイルも想像がつく――〝都会のオフィスワーカー〟ではなさそうだ。

ウォルター・サマーフォード少佐はどうだろう？　彼は一九一八年二月にフランドルで雷に打たれて落馬し、腰から下が一時的に麻痺した。少佐はその後カナダへ移住し、釣りを始めた――ところが少佐がたもとに座っていた木に雷が落ちた。一九二四年のことで、彼は右半身が麻痺した。その後回復したが、一九三〇年に公園を歩いていてまた落雷に遭って、とうとう全身麻痺となった。少佐はその二年後の一九三二年に亡くなった――ただし、落雷が原因ではない。ところが、この見落としを正すかのように、一九三六年には彼の墓石に雷が落ちた。始めたのが編み物だったら、彼の人生はあれほど危険に満ちてはいなかったに違いない。

サマーフォード少佐が不運だと思うなら、バージニア州でパークレンジャーを務めていたロイ・サリヴァンの場合について考えてみよう。彼は雷に七回打たれた。一九四二年（これが原因で片足の親指の爪を失った）、一九六九年七月（両眉を失った）、一九七〇年七月（左肩に火傷を負った）、一九七二年四月（髪に火が着いた）、一九七三年八月（生えてきた髪にまた火が着き、両脚に火傷を負った）、一九七六年六月（かかとを怪我した）、そして一九七七年六月である（胸と腹が焼け焦げた）。この全七回について、シェナンドア国立公園で上司だったR・テイラー・ホスキンズの証言があり、医師による確認もなされている。それどころか、サリヴァンは子供のころ、父の収穫を手伝って屋外にいたときに雷に打たれたこともあると主張している。

本章でここまで見てきたように、確率分布のわずかな変化はまれな出来事にきわめて大きな影響を与えうる。雷に七回打たれるというのはきわめてまれな出来事に思えるが、雷雨の公園内を歩き回る時間が長いなら〝ありえなさ〟加減はずいぶん薄らぐ。平均的な人を対象とする確率を用いて誰かが七回打たれる確率を計算することは、対象がパークレンジャーなら大きな錯誤につながりかねない。ここでも確率てこの法則が効いてくるのである。

ブレイク・ザ・バンク

確率てこの法則が効いてくる場として金《カネ》が絡むのは金融市場だけではない。ギャンブルの世界もそうだ。

たとえばルーレットの場合、テーブルにある以上のチップ（カジノ全体の資産を超えない）を獲得したプレーヤーは「胴元を破産させる《ブレイク・ザ・バンク》」を成し遂げたと言われる。ブレイク・ザ・バンクは言うまでもなくまれな出来事だ。だが、ヨークシャーのジョセフ・ジャガーが一八七五年に達成している。その陰には確率てこの法則があった。

ルーレットのホイールに等確率からのずれがわずかでもある場合、そのずれがわかっていればあなたに利がある。カジノの確率計算はどの数の出る可能性も同じという前提に基づいているからだ。ジャガーはその有利な立場に立ったのだった。一八七三年、彼は助手を雇い、モンテカルロのボーザール・カジノに六台あったルーレットのホイールについて、玉がどこに落ちたかのデータを集めた。それを分析したところ（コンピューター以前の時代には大変な作業だったに違いない）、あるホイールで7、8、9、17、18、19、22、28、29がほかの数より多く出ることを発見した。一八七五年七月七日、彼はこれらの数が出ることにかけ続けて少々儲けた。そこで、カジノ側はホイールの場所を移し、ジャガーは負け始めた。だが、ジャガーは偏りのある例のホイールに小さな引っかき傷があることを思い出した。そして、それを頼りに移動先の台を探し当て、また勝ちだした。するとカジノ側はホイールの金属仕切りを毎日動かして対応し、ジャガーはまた負けだした。その時点で彼は諦めてモンテカルロをあとにしたが、今日《こんにち》の価値にして四〇〇万ドルを手に入れており、それを彼は投資に回した。

ジャガーは勝っているうちにやめることができたが、そうした自制心のあるギャンブラーはほとんどいない。やはりモンテカルロで一八九一年にブレイク・ザ・バンクを達成したチャールズ・ウェルズもそうだった。彼は三〇回のうち二三回当てたときに一回と、五回連続で5に賭けたときに一回、一〇〇万フランを獲得している。だが、詐欺で何度も有罪判決を受けており、死んだときには一文無しだった。

8章　近いは同じの法則

正確に間違っているよりは、あいまいに合っているほうがいい。
——ジョン・メイナード・ケインズ

ありえなさの原理をなすより糸の一つである「近いは同じの法則」によると、十分に似ている事象は同じものと見なされる。この法則では、単に似ているだけでも一致と見なす。そうすることで、潜在的な一致の数を増やすのである。

私がコレクションから一〇〇面サイコロを持ち出し、投げて出る数を予想してみるとする（私は本当にそんなサイコロを持っている。それは言ってみれば平らな面を一〇〇個もつ球で、1～100の数が印字されている）。当たる確率は一〇〇分の一だろう。だが、脳裏に浮かんだ数またはそれに近い数——たとえばプラスマイナス1——が出たら当たりとするとどうなるか？　たとえば、13と予想したなら、当たる確率は一〇〇分の一ではなく一〇〇分の三になる（この緩い定義では12、13、14のどれかが出れば13と一致したとされる）。

あなたの友人が知らぬ間に自分と同じ時期にベルリンを訪れていたと知ったら、あなたはもちろん偶然の一致と見なすだろう。だが、それぞれベルリンの別な場所を訪れていたとしたら？　そして滞在期間の重なりが一日しかなかったら？　さらに、友人の訪問先が厳密にはベルリンではなく近隣の街だった場合は？　あるいは、ドイツでさえなく、実はフランスだったら——つまり、同じ時期にヨーロッパ大陸にいたということだったら？　それでも特筆すべき偶然の一致だろうか？

一致の条件を緩めることで、偶然の一致らしき物事の確率を高められる。きわめてありそうにない出来事が、細かく調べると結構ありえそうなことだったりするかもしれないのである。

近いは同じの法則はどこでも効果を補う。どこでも効果は、ある特定の一致が特定の場所で起こるかどうかを見たあと、条件を緩めて一致がどこでもいいから起こっているかどうか調べる（「どこでも」効果と言われるゆえん）ようなケースで目にする。たとえば、物理学ではまず、特定の値をもつ観測データがほかの値のデータより多いか（データに「盛り上がり」があるか）を見る。そして、特に多くなかったならば探す範囲を広げて、値は何でもいいから観測データが多いところを盛り上がりとして認める。先ほど見たとおり、このようにして「どこでも」探せば、そうした盛り上がりが見つかる確率は当然いっきに高まる。近いは同じの法則もそうした「盛り上がり」が見つかる確率を高めるが、こちらは確率を高めるために盛り上がりの定義を拡大解釈する。たとえば、予期したより観測回数が一〇回多いことを盛り上がりと定義していたのを、緩めて五回でいいとするのだ。このやり方でも盛り上がりの見つかる確率が高まることは言うまでもない。

5章で紹介した、私のもとに立て続けに届いた電子メールで、片方の件名は「Muirとの近況報告ミーティング」、もう片方は「Muir審議員一覧」だった。近いは同じの法則が効いて、私はMuirとMuirを同じものと見なしてしまった。3章の冒頭ではビル・ショーと、数人が犠牲となったヨークシャーでの列車事故で命拾いしたその妻を紹介した。二人が遭った事故は同一ではなく、時間的にも一五年離れていた。だが、事故に遭った組み合わせがビルと彼の兄弟姉妹や子供や親などだったとしても、そして事故の間隔が四年でも二〇年でも、新聞はこの件を伝えたに違いない。近いは同じの法則は、一致と見なしうる人の範囲、そして事故の間隔を広げる。これにより、そうした偶然の一致らしき物事を目にする確率は場合によってはかなり大きく高まる。

これまでの章で、ロト当選における偶然の一致らしき事例が実はほとんど必然であることを、ありえなさの原理のいくつかの側面を切り口に見てきたが、近いは同じの法則も切り口になる。5章で紹介したバージニア・パイクの例を覚えているだろうか。彼女はバージニア州ロトの六個の本数字のうち五個が一致していた抽選券を二枚持っていた。六個のうち五個一致する確率のほうが六個すべてが一致する確率よりはるかに高く、新聞がときどきやるが「当選」の定義を緩めて五個の一致も許せば、ミズ・パイクは当選者の一人となる。これも近いは同じの法則の一例だ。マイク・マクダーモットは、(六個中)五個の本数字とボーナス数字一個の一致により、イギリス国営ロトで一年以内に二度二等に当たったので、彼も含まれることになる。

同じようにして、5章で考えた誕生日の問題を一般化できる。私の誕生日があなたと同じだったら驚きの偶然の一致と言えそうだが、違いが一週間以内だとわかったところでそうは驚かないだろう。極端な話、「近いは同じ」の〝近い〟の意味をたっぷり緩めれば、私たちの誕生日を確実に十分近いことにできる（私は一月一日から一二月三一日までのあいだに生まれており、あなたもそうだ！）。

5章では、聖書に暗号として隠されているメッセージ――いわゆる「聖書の暗号」――を見つけたという主張についても見た。聖書にはある決まった文字列を探すことのできる箇所がいくらでもある。さらには、そうした文字列は一続きに並んでいる必要がない――ほかの並び方も考慮できるのだ。文字どうしが決まった間隔で空いているとか、ページ上で文字が二次元パターンを描いているとか、切りがない。探す範囲を広げてそうした並びを許せば、特定の配列で並んだ文字の組が見つかる確率はどこまでも高められる。本書で見つかった例もいくつか示した（ただし、本書に潜んで助けを求めている人物はまだ見つけられていない）。だが、あれにはとどまらない。一致の確率は、正当な一致と認められる並びの範囲を広げることでさらに高められる。私の例ではhelpという単語を探したが、ちょっとした綴りミス、たとえばhlpeやheplも意味のある一致と認めたなら、私が一致と見なす文字列は三つ（help、hlpe、hepl）になるので一致の確率は高まり、よってもっと見つかると予想される。現に、追加した二つに対して一つずつだが一致が見つかった（四文字間隔で）。どこでも効果が探す場所の数を増やすのに対し、近いは同じの法則は探す対象の数を増やすのである。

当然ながら、近いは同じの法則はニセ科学でも一定の役割を果たしている。カール・ユングのシンクロニシティーについては2章で見たが、そこで紹介した著書からもう一つエピソードを紹介しよう。

> 私が治療を担当していた若い女性が、ある重要な局面において、黄金のスカラベを授かった夢を見た。彼女がその話をするのを、私は窓を背に座って聞いていた。ふと、背後で物音がする。軽くトントンと叩くような音だ。振り向いてみると、飛んでいた虫が外から窓ガラスにぶつかっていた。私は窓を開け、その虫が飛び込んできたところを空中で捕まえた。それは、このあたりの緯度で見られるものとして黄金のスカラベに最もよく似ているコガネムシの一種、コフキコガネムシ（*Cetonia aurata*）で、それがまさにあの時、習性に反して暗い部屋に入ろうと必死になっていたようなのだ。同様のことはあとにも先にも経験したことがなく、あの患者のあの夢が私の経験の中で今なお他に類を見ないものであることを認めざるをえない。[1]

ユングによれば、患者が彼に甲虫の夢について話しているときに窓辺にこの甲虫が現れたことは偶然の一致の一例であり、この二つの出来事は「あまりに意味ありげに結びついており、それが『偶然に』同時に起こったと言うなら、それは天文学的な数字でないと表せないほど起こりそうにない出来事の具体例ということになる(2)」

あなたの場合はわからないが、私は大きな虫が窓を叩く音をけっこう頻繁に耳にする。そして、虫たちはガラス板のような目に見えない物体という現代の産物に対応できるようにはまだ進化していないので、何もない空間に見えるところへ飛んでいこうとするのをやめないのだ、と私はいつも考えている。いずれにせよ、あの現象は結構うるさく、起こったなら確実に気づく――ユングもそうだった。ユングの場合、コフキコガネムシがありふれた種類だという事実を考慮に入れなかったようである（基本確率を認識しそこねることには、9章で紹介するように「基準率錯誤」という呼び名が与えられている）。現れた甲虫が近似的な一致であり（「このあたりの緯度で見られるものとして黄金のスカラベに最もよく似ている」）、厳密な一致ではないことについては、ユングも認識していた。だが、種類の違う甲虫だったらどう思っただろう？　そもそも甲虫でなかったら？　彼は一致の精度をどこまで緩めるつもりだったのだろう？　どの程度近いと同じと見なしたのか？

前の章で触れたサー・アリスター・ハーディーは、彼のESP実験において受け手によるスケッチが提示された絵と一致しているかどうか、決めるのがきわめて難しいことに気づいていた。何らかの判断がどうしても絡んでくる――二枚の絵が一致と見なせるほど十分に似ているかどうか、誰かが決めなければならないのだ。基準が緩すぎれば、被験者の多くが超能力をもっているように見える。厳しすぎれば、本当はあった効果をすっかり見逃してしまう。いくつかのスケッチの説明でハーディーはこう述べている。「実験七四の宮殿の絵で外の見張り小屋に描かれている小さな番人がおもちゃの兵士のスケッチと、あるいは実験六一でスケッチされた山と道が提示された絵にあったピラミッドと、何らかの関連があると推定する誘惑に駆られる。また、実験一二五でスケッチされた鉄道駅が提示されたノアの箱舟と関連があると思いたくなるのだが、それは駅のプラットフォームの端にあるスロープが下がっているのに対して箱船の船体のスロープが上がっていること以外はほとんど同じだからだ」[3]。この説明からよくわかるように、近いは同じの法則がその効果を発揮して一致とされる確率を大幅に高める余地はたくさんある。あれは幼児が描いたネコの絵を大人がイヌの絵と見間違うのと同じことである。

アーサー・ケストラーが取り上げた別の超心理学実験でも、近いは同じの法則が発動していた。

一九三四年、当時ロンドン大学ユニバーシティ・カレッジの数学講師だった「S・G・ソール博士は、ラインの実験についての論文を読んでその再現を試みた[4]。一九三四年から一九三九年まで行なわれた彼の実験では、一六〇人がゼナーカードを使って合わせて一二万八三五〇回の予想を行なった。結果は無に等しかった——偶然予期されるところからの有意な偏差は見られなかったのである。

ケストラーはさらにこう書いている。

ソールがうんざりして諦めようとしていたとき、同僚の研究者のウィートリー・カーリントンが、得られた結果で「ずれた」予想――目標カードにではなくその一枚前ないしあとにめくられたカードに対する適中――を調べてみるよう提案した（図形のテレパシー的な伝達について実験していたカーリントンは、自分の被験者のなかでそのようにずれて当たる効果が見られたと考えていたのである）。ソールがしぶしぶ自分の実験記録に残されていた大量のデータを分析するという単調な仕事に取りかかったところ、報われたと同時に面食らったことに、被験者の一人のベイジル・シャックルトンが常に一枚あとのカードを――つまり予知能力があるかのように――当てており、その成績は偶然の可能性を排除せざるをえないほど高かった(5)。

きりがない。それを言うなら、二枚先や三枚先のカードの予想についてだって調べられる。実際は丸のときに十字の予想が多いケースを探すという手もある。その気になればいくらでも。どれも普通に言う一致の意味を広げており、近いは同じの法則によって高得点を挙げる被験者をいつか必ず「発見」することになるのである。

ちなみに、ライン博士の妻、ルイザ・ラインは博士が得た結果をソールが再現できなかったことに対して考えられる理由として、ソールの被験者に実験参加への熱意が欠けていることを挙げた。彼らは広告に応じてやってきただけだからというのがその理由だ。だが、逆の解釈のほうが考えやすい。わざわざ広告に応じ、あのような本質的に退屈な手順を踏むために喜んで時間を費やす人は、参加に対してそれなりの意欲がありそうなものである。あの実験に引っ張り込まれただけの学生に比べたら大違いのはずだ！

近いは同じの法則だけでは不十分だとばかりに、このケースでは超大数の法則と選択の法則も動員されている。ソールの被験者の一人による予想は一枚あとにめくられるカードと一致していた。だが彼には被験者が一六〇人いた。そのうちの一人がまったくの偶然で、一枚あとにめくられるカードをそれなりにうまく予想したとしても驚くには値しない。それは超大数の法則だ。一〇万人がサイコロを投げるたとえを思い出そう。確かに一六〇と一〇万は大違いだが、ソールの結果は六回のサイコロ投げすべてで同じ目が出ることほど極端な話ではない。そして、選択の法則も効いている。ソールは最も極端な結果を出した被験者を選んで注目させ、結果がそれより悪かった人をすっかり無視している。これもやはり、同じ目を出し続けた人を除く全員がホールを去った一〇万人のサイコロ投げの例と同じことである。

得られた結果に気をよくしたソールは、シャックルトンとともにさらなる実験を行なった。それらは二〇人を超える著名な第三者の監視下で行なわれ、統計的に有意だったようである。⑹得られた結果は、予知能力やテレパシーなど何らかの超心理学的説明なしにまったく偶然得ることはきわめてありそうにないものだった。かなり決定的で、ソールの主張を裏づけているように見えた。

だが、話はここで終わらない。ソールの実験結果は大きな物議を醸した。ソールは後日の実験でそれらを再現できず、また、より洗練された統計分析を用いたほかの超心理学者が、データは操作されており、一部のシーケンスが再利用されていたり、数字がいくつか余分に挿入されていたりすると結論付けている。

著名な超心理学者J・B・ラインさえ近いは同じの法則には欺かれた。アーサー・ケストラーによると、「ラインその人をはじめとする多くの研究者が意に反して気づかされていた事実がある。彼らのスター被験者たちのなかには、予想する目標カードが送り手によってあらかじめ見られていない場合に、偶然に対してほぼ一定したオッズを示す結果を得る者がいた」。ラインの「スター被験者たち」は「誰かの心を読む」場合に偶然より高い適中率を示していそうな結果を出していたのだが、未開封の組に含まれる連続するカードにどのシンボルが印されているかを言うだけの場合にも、偶然より高い適中率を示すかのような結果を出していたのだ。この可能性、そして読心の可能性も超能力の表れと見なされるなら、「被験者」が超能力をもっていそうに見える確率は高まる。ケストラーはこう続けている。「この現象は『透視』と呼ばれ、『他人の精神状態をテレパシーで知覚することとは区別される、客観的な出来事に関する超感覚による知覚』と定義された」(7)。この例は私のお気に入りだ。結果が予想と一致しない場合に人がいかに「説明」をひねり出すかをよく表しているからである。

数秘術も近いは同じの法則にとって遊びがいのある場の一つだ。数秘術らしい技の一つが、同じ計算結果をはじき出す物事や手続きをあれこれ指摘してみせることだ。そうやって偶然の一致を見せつけられると隠れた原因があるのではと考えたくなる。5章で紹介したのがまさにそれで、超大数の法則がほぼ必然的に数の偶然の一致を導いている。ランダム生成された数の並びにさえ、延々と探せばどんな部分列も見つかる。

　近いは同じの法則が私たちをいかにして欺くか、例を示そう。これはピタゴラスの定理に基づいている。この定理については学校で習ったことがあるだろう。ピタゴラスの三つ組とは、$a^2+b^2=c^2$という関係を満たす三個の正の整数からなる集合$\{a, b, c\}$のことだ。たとえば、$\{3, 4, 5\}$は$3^2+4^2=5^2$を満たし、$\{5, 12, 13\}$は$5^2+12^2=13^2$を満たす[8]。一方、数学には「フェルマーの最終定理」というたいへん有名な定理があり、それによると2より大きいいかなる整数nについても、$a^n+b^n=c^n$という関係を満たす三個の正の整数は存在しない。たとえば、$a^3+b^3=c^3$という関係を満たす三個の正の整数からなる集合$\{a, b, c\}$はない。妙な呼び名のついたこの定理は、ピエール・ド・フェルマーが一六三七年に手持ちの古代ギリシャの著書『算術』の余白に、驚くべき証明を見いだしたのだがそれを書き出すには余白は狭すぎる、と記したことで知られている。問題文のシンプルさゆえ、そしてフェルマーからの暗黙の挑戦もあって、何世代にもわたる数学の専門家やアマチュアが三世紀以上にわたって証明に挑んでは失敗していた。一九九五年にようやく証明され、最終段階は数学者のアンドリュー・ワイルズによって完成された。

　さて、この定理をふまえたうえで、$89222^3+49125^3$と93933^3がどちらも828809229597×

10^3と等しいと言われたら、あなたはどう思うだろうか？　そう言われると、{89222, 49125, 93933}という三つ組が$89222^3+49125^3=93933^3$を満たし、フェルマーの最終定理と矛盾していそうに思える。

実は$89222^3+49125^3$も93933^3も、828809229597×10^3とは近似的に等しいだけだ。$89222^3+49125^3$は厳密には$828809229597.173\times10^3$に等しく、そして$93933^3$は$828809229597.237\times10^3$に等しいのである。この二つの式は厳密には等しくないが、828809229597237に対する64という差はたいていの人が等しいと見なすほど十分に近い！　とはいえ、厳密に等しいわけではないことには変わりなく、アンドリュー・ワイルズも一安心だろう。(9)

何をもって十分に近いとするかの定義を緩めることで、こうして一致に見える三つ組はたくさん見つかるが、それは幻想にすぎない。一致が厳密ではないのだから。

一致に見える数に関する似たような例はさまざまな分野にいくらでもあるが、なかにはずいぶん奥の深いものがある。たとえば、ラマヌジャンの定数$e^{\pi\sqrt{163}}$は次の数に等しい（訳注　数学者のサイモン・プラウフがジョークでこう命名したもので、ラマヌジャン本人はこの数に言及していない）。

262537412640768743.99999999999925000…

この値を小数点以下〝たった〟一二桁の精度で計算したなら、262537412640768744という整数に等しいとあっさり結論付けてしまいそうだ――一見するとものすごい偶然の一致である。だがそう思ったなら誤りだ[10]。

これらは近いは同じの法則が数どうしの関係にどう現れるかの例だが、現実の物体の性質から一致が立ち現れる場合もある。そうした例を「ピラミドロジー」と呼ばれる分野から一つ紹介しよう。一八四六～一八八八年にスコットランド王立天文台長を務めたチャールズ・ピアッツィ・スマイスは、著書『大ピラミッド――その秘密と謎を解き明かす』[11]で、ギザの大ピラミッドのさまざまな特徴と天文学上の測定値との数的関係を説いた。たとえば、インチ単位で測った周囲の長さは一〇〇〇年に含まれる日数と同じだと彼は主張した。だが十分な回数測定して十分な数の天文現象と比較すれば、超大数の法則やどこでも効果が近いは同じの法則と相乗効果を生む理想的な土台ができ、何らかの偶然の一致を見いだせないようにするほうが苦労するはずだ！

あいにく、ウィリアム・マシュー・フリンダーズ・ピートリーが一八八〇年にもっと高精度で測定し直したところ、長さはもっと短いことがわかり、ピラミッドの構造に関するスマイスの込み入った説は支持を失った（ピートリーは得られた結果を「美しい理論を台無しにする醜い些細な事実」と形容した）。スマイスによる再臨日の予想も、ほかの誰による予想ともたがわず正しくなかった。

本章を終える前に、見かけの偶然が背後の真実を表していることもあるのを認めて、少々バランスをとるべきだという気がしている。そのような例としてはすでにモンスター群と数

196883の話を取り上げたが、もう一つ、南北アメリカ大陸の東海岸とヨーロッパおよびアフリカ大陸の西海岸の形の一致を挙げたい。これらの海岸線の形の一致はまるでジグソーパズルのピースのように見えて、実は単なる偶然ではない。この二つの大陸縁はかつて接していたのだ——が、地球のマントルにおけるマグマの対流によって引き離され、大西洋の真ん中から溶岩が湧き出してできた新たな海底によって隔てられたのである。

締めとして、数学や物理の世界をしばし離れて古典文学に目を移そう。チャールズ・ディケンズは小説『骨董屋』（北川悌二訳、ちくま文庫など）で、二人の登場人物キットとバーバラの母親どうしが初めて会ったときの会話を描いている。

「それに私たちは二人とも夫に先立たれたものどうし！」とバーバラの母親は言った。「私たちは知り合うように仕向けられていたに違いありませんね」……結果から原因へと物事を逆にたどることで、二人は自然な流れでそれぞれの亡き夫のことを思い出してその人生、死、葬儀を話題にし、さまざまな事柄が見事に一致していることに気がついた。たとえば、バーバラの父親はキットの父親よりぴったり四年と一〇カ月年上であること、死んだのがそれぞれ水曜日と木曜日だったこと、二人とも体格が良く、かなりの美貌を誇っていたことがそうで、ほかにも驚くべき偶然の一致がいろいろあった。[12]

近いは同じの法則の非の打ち所のない例である。

9章　人間の思考

信じていなかったら、目にすることはなかっただろう。

——マーシャル・マクルーハン

前章までで、ありえなさの原理のさまざまな表れ、すなわち不可避の法則、超大数の法則、選択の法則、確率てこの法則、近いは同じの法則を見てきた。一つ明らかなことがある。ありえなさの原理のこうした側面の多くは、自然の仕組みの一端を私たちがよくわかっていないせいで現れる。その根源は私たち誰もが生まれつきもっている思考の癖だ。そこで、ありえなさの原理の人間的な側面を少々詳しく見ていこう。

確率とは何か？

出発点はもちろん、私たちが確率を直観的に把握するのが苦手だという事実である。シンプルな例として、私たちはランダムに振る舞うのがかなり下手だ。誰かにランダムな数の並びを作ってもらうと、往々にして均質すぎるものができる（同じ数の連続が避けられがちになるなどして）。確率や偶然はえてして直感に反していそうに見える。実際、統計学の専門家でさえ欺かれることがある――腰を据えて計算するまでは。

次のようなシナリオを考えてみよう。

ジョンはまず数学の学位をとり、続いて天文物理学の博士号をとった。その後、ある大学の物理学科でしばらく働いたが、アルゴリズム取引企業の開発部隊での職が見つかり、金融市場の動向を予測するきわめて高度な統計モデルを開発している。休みの日にはSFの会合に足を運んでいる。

さて、あなたは次のどちらの可能性が高いと思うだろうか？

A：ジョンは既婚で二人の子持ち。
B：ジョンは既婚で二人の子持ちで、夜は数学パズルを解いたりコンピューターゲームをしたりして過ごすのが好き。

大勢がBと答える。だが実際には、Bの特徴の人たちはAの特徴の人たちの一部だ。言い換えると、ジョンがBの特徴をもっているなら、彼はAのほかにも特徴をもっていることになる。よって、ジョンがBのように説明される確率は、Aのように説明される確率より大きくはなりえない。

この例のように、直感に従うと思い違いをすることに対しては、ジョンに関するステレオタイプな人物描写とBとが見事に符合していることに基づく説明が試みられている。なんといっても、あの描写を読めばBに挙げられた行為はいかにもジョンがしそうなことに思えるではないか。では、対照的な次の例について考えてみよう。論理構造はまったく同じだが、ジョンの人物描写が大きく違う。

ジョンは男性である。

さて、あなたは次のどちらの可能性が高いと思うだろうか？

A：ジョンは既婚で二人の子持ち。

B：ジョンは既婚で二人の子持ちで、夜は数学パズルを解いたりコンピューターゲームをしたりして過ごすのが好き。

こちらであれば、ジョンがBの特徴をもっている確率がAの特徴だけという確率より小さいはずだとはっきりわかる。

直感のこうした誤りはよく「連言錯誤《れんげんさくご》」と呼ばれ、いま紹介したものよりさらに著しい例さえある。人間は二つの独立した事象の組み合わせのほうをどちらかだけよりありそうに感じることがある。宝くじに当たってかつ今日雨に降られる確率のほうが、宝くじに当たるだけの確率より高そうに思えるのである。

連言錯誤に対しては、人間は確率を逆に考えることがあるという説明も試みられている。言い換えると、ジョンの人物描写を読んだあとでジョンがAとBの特徴をもっている確率を訊かれているのに、逆の順序で考えているというのだ。AやBという特徴から出発してジョンの人物描写があのようになる確率を考えているというのである。

こちらの誤りはきわめて重要なよくある混乱の一例で、「訴追者の誤謬」や「条件付き確率転置の法則」などと呼ばれている。裁判で陪審員が訴追側からこう指摘されたとしよう。被告が無実ならば、犯行現場に指紋が残されていることなどきわめてありそうにない。だが被告の指紋が現場にあったので、それは被告が無実ではない証拠となる、と。

これは誤りだ。本当に知りたいのは、被告の指紋が現場にあった場合に被告が無実である確率であって、被告が無実の場合に被告の指紋が現場にある確率ではない。この二つの確率は時に大きく違う。

この転置がどう誤りなのかは極端な例を持ち出すとよくわかる。現状では一流企業のCEOには女性より男性のほうが圧倒的に多い。そのため、あなたがCEOである場合に男性で

表9・1

	裁判	
	無実	有罪
指紋あり	9	1
指紋なし	70億	0

ある確率は二分の一よりはるかに高い。これに対し、あなたが男性の場合にCEOである確率はまったく別の話で、CEOである男性は(それを言うなら女性も)ほとんどいないことから、確率は二分の一よりはるかに低くなる。

では、架空の数字を使って裁判の例を考えてみよう。

表9・1は、無実の人と有罪の人を犯行現場で指紋が見つかったかどうかでクロス分類したものだ。こんな数字を想定してみよう。無実でかつ指紋が犯行現場にあった人は九人(表の左上)、有罪でかつ指紋が現場にあった人は一人、そして約七〇億人(世界中のその他全員)は無実で指紋が現場で見つからなかった。そして、有罪は一人しかいないので、有罪でかつ現場に指紋がなかった人はいない――よって表の右下はゼロとなる。

さて、知りたいのは被告の指紋が現場にあった場合に被告が無実である確率だ。表によれば、犯行現場に指紋があった一〇人のうち、九人が無実だったので、確率は9/10=0.9となる。

では、誰かが無実の場合にその誰かの指紋が現場にある確率はどれくらいだろうか? 無実の人は七〇億プラス九人おり、そのうち九人の指紋が現場にあった。よって、誰かが無実の場合にその誰かの指紋が現場にある確率は、9÷（70億＋9）という実に小さな値になる。

こうして計算した二つの確率は大きく違う。片方は1からそう離れてなく、もう片方はほぼゼロだ。このうち、関心を抱くべきは最初のほう、すなわち被告の指紋が現場にある場合に被告が無実である確率だ。その値は0.9と、かなり大きい。もし誤って（先ほどの架空の訴追側と同様）もう片方を、すなわち被告が無実の場合に指紋が現場にある確率を採用したなら、先ほど計算したように値はずいぶん小さい。これでは被告の無実どころか有罪を確信してしまう。これぞ司法の失策！

訴追者の誤謬には少しばかり違うバージョンもいくつかあるのだが、どの核心にも同じ混乱がある。

確率に関連してよくある直感の誤りには「基準率錯誤」というものもある。こちらは、まれな病気にかかる確率はきわめて低い、といった背景確率を考慮に入れそこねるとやりかねない。

一例を挙げよう。

クレジットカード詐欺の検出システムが開発されたとする。それを使うと、正当な取引の九九パーセントが正当だと正しく分類され、不正な取引の九九パーセントが不正だと正しく分類される。なかなか良いのでは？

基準率錯誤を知らないクレジットカード管理者は、このシステムの予測に沿って行動しそうだ。不正取引の可能性が警告されれば、そのカードを停止させ、それ以上の取引を阻むだろう。何の問題もなさそうだが、ここで、クレジットカード取引の約一〇〇〇件に一件が不正だという概算があるとする。この一〇〇〇件に一件という数字が基準率だ。取引の数は正当なもののほうが不正なものより断然多いので、警告された取引は正しく分類された不正取引ではなく、実は間違って分類された正当な取引である可能性のほうがはるかに高い。警告された取引が実は誤分類された正当な取引だったという確率は、計算してみると九一パーセントになる。つまり、不正取引の九九パーセントと正当な取引の九九パーセントが正しく認識されるにもかかわらず、警告の一〇回に九回は誤報なのである。

このクレジットカードの例は不正取引の基準率——約一〇〇〇分の一——がわかっているので単純明快だ。だが、基準率錯誤が本当に問題となるのは背景確率がわからないケースである。その場合、人間は往々にして確率を自分の主観的な経験だけに基づいて見積もる。なかでも、似たような経験の具体例をたやすく思い出せる場合に、その可能性を高く評価しがちになる。

あいにく、何かを思い出すことの容易さはさまざまな形でゆがみやすい。「プロスペクト理論」（人間の「不合理な振る舞いに関する合理的な理論」[1]と評されている）の生みの親の一人であるノーベル賞受賞者ダニエル・カーネマンが、その見事な例を挙げている。彼は被験者に対し、英語の文章からランダムに選ばれた単語でkが先頭にくることのほうが多いか、それとも三文字めにくることのほうが多いかを尋ねた。被験者はえてして前者を選んだ——kで始まる単語のほうが多いと考えたわけだ。実は、典型的な英文（というものが何であれ、それ）においては、kが先頭にくる単語より三文字めにくる単語のほうが倍ほど多い。だが、kが三文字めにくる単語は思い浮かべるのがはるかに難しいのである。

人間は概して、例を思い浮かべるのが簡単な場合に確率を過大評価しがちなのだ。カーネマンはこの現象を「利用可能性ヒューリスティック」と呼んだ。残念ながら、例を思い浮かべることのたやすさは、メディアが取り上げる話題といった外的な影響にきわめて左右されやすい。実際、犯罪率が下降しているときでさえ市民の犯罪への不安が増していることに対しては、ニュースの報道が説明の一つとして考えられている。

過去の経験としてある事象の典型例を見たことがあり、理屈の上では確率をおおむね正確に見積もれると自信をもって言える場合でさえ、記憶は日々の暮らしを単にそのまま記録する白紙やコンピューターのようなものではないことから、実際の見積もり作業は面倒なものになるだろう。さらに言えば、記憶はダイナミックな処理系であり、そこでは経験したことの観察、評価、ふるい分け、混合、再構築、補強、選択が行なわれる。鮮烈な経験は強く記憶に残り、最近の経験は以前のものよりたやすく思い出せる。

心理学者のルマ・フォークは、偶然の一致が状況に応じてどれほどの驚きをもたらすかを示して、確率評価がいかに外からの影響を受けやすいかを明らかにした。それによると、偶然の一致に対する驚きは、無関係な詳細を付け加えた場合にさえ増した。さらに、自分に起こった偶然の一致は他人に起こったものより驚きが大きいという傾向が見られた――だが、これは超大数の法則に無意識に気づいているということかもしれない。「それが起こる対象はほかにも大勢いるが、自分は一人しかいないので、誰かほかの人に起こった場合は大きな驚きではなくなるのである」

予測、パターン、傾向

記憶が外からの影響を受けやすいことは、2章で取り上げた確証バイアスと関連がある。確証バイアスとは、自分の信条（科学であれば仮説）を支持する証拠にはなぜか気づくのに、それらに反する証拠には気づかない、という無意識の傾向のことである。たとえばこんな状況を考えてみよう。

私が数の並びを作るルールを考えた。それに基づく最初の三個は2、4、6だ。それに対してあなたがこれに続く三個を予想し、私はそれが合っているかどうかを言う。そして同じことを繰り返す。つまり、あなたは先ほどの数に続く数を三個予想し、私はそれが合っているかどうかを言う。私たちはこれを、私のルールがわかったとあなたが確信するまで続ける。

この例のような状況において、人間はえてして数の並びに関する自分の仮説に沿った三つ組を次々と探す。なので、この例においてあなたが私のルールを「偶数を挙げること」だと予想したなら、あなたは続く三個として8、10、12と言うだろう。そして、それが正しいと言われたら、それに続く三個として14、16、18を挙げる。それも正しいと言われたら、あなたは自信をもって、数が単純に2ずつ増えていくというのが私のルールだと思うに違いない。あなたの挙げた並びが私のルールを満たしていることは確かだが、実はあなたが予想したルールは私が考えていたものではない。私のルールは、順次大きくなる整数からなる任意の集合だった。この例では、自分の仮説に沿う数の三つ組ばかりを探し、反証となりうるほかの三つ組で仮説を検証しようとしない、というバイアスが働いている。

興味深いことに、科学の理想像においては、科学者は仮説を思い付いたらそれを反証すべく実験をする。反証に耐えるほど、その仮説が正しい可能性は高まる。だが、科学的な評価はうまくいく仮説——そうした反証に耐える仮説——を思いついたことが基になるので、人間はおのずと自説の検証をあまり難しくしないようにしがちだ。幸い、科学は競争のある営みなので、あなたの仮説を検証して間違いであることを証明しようと、ほかの研究者がいつでも手ぐすねを引いて待っている！

2、4、6、8、10、12……という並びの背後にあるルールを探す例における関心の的は、人間が（そして動物も）パターンを見つけずにはいられないこと、そして現に見つけるのがうまいことである。すでに何度か触れたが、これは進化の自然な産物である——トラが近づいてくる兆しを見つけられれば、近隣の好戦的な部族の何人かが忍び寄ってきたのがわかれば、あるいは果実が食用に適していることを示す特徴を摑めれば、あなたが生き残って遺伝子を次の世代に伝えられる可能性は高まる。だが、迷信を取り上げたときに見たように、出来事のパターンは背後に何の原因もなく偶然生まれることもある。実際には何の関係もない二つの出来事に相関がある（片方の発生がもう片方の発生と関連がある）と信じることは、よく「錯誤相関」効果と呼ばれている。そして、ここに統計的な推論の出番がある。その目的は、偶然生じたパターンと背後に何らかの原因が本当に存在するパターンとを区別することだ。

統計的な推論の対象となったパターンの一つがスポーツやゲームにおける「ホットハンド」で、これについては2章ですでに見た。この信念はしごく理にかなっていそうに聞こえるが、慎重に統計分析すると誤謬だとわかる。シュートが続けざまに決まる回数は、能力や幸運の一時的な変化を想定しなくても説明できる。シュートが運良く少々続けて決まる頻度を人間が過小評価しがちというだけなのだ。また、これもすでに見たが、数のランダムな並びを作ってくれと誰かに頼むと、数を散らしすぎて同じ数の連続が少なすぎる並びができる。同じ誤謬から、私たちはロトの当選番号に隣り合った数のペア（8と9、23と24など）が含まれる頻度を過小評価する。同様に、コインの表を1、裏を0としてコイン投げをして得られるような、0と1のランダムな並びを思い浮かべるよう誰かに頼むと、相手はえてして極端な並びを避け、そのため表と裏の割合は実際のコイン投げで起こるより二分の一付近になりやすい。

ホットハンド信仰を促す要因になっていそうな直感に反する効果がもう一つある。人間は技量の同じ二人のプレーヤーがそれぞれ優勢になっている時間の割合を過小評価する。これは時に目を見張る成り行きを示す。たとえば、公正なコインを毎秒一回、二四時間週七日、一年中投げ続け、そのあいだずっと表と裏の回数の割合を計算するとしよう。あなたはおそらく、表の回数のほうが多い時間が約半分、裏の回数のほうが多い時間が約半分になると思うだろう。なにしろ、一年後に表の割合は約二分の一になるとわかっているのだ。

ところがあなたは間違っている。意外なことに、表と裏のどちらかがほぼ一年中優勢という可能性が非常に高い。さらに、表と裏のどちらかが一年の後半の半年間を通してずっと優勢という確率が二分の一なのだ。つまり、この一年がかりの実験に大勢が参加したなら、そのうち半数で表か裏が後半の半年間ずっと優勢という結果となる。まだある。計算によると、平均してそのうち一〇人に一人で、優位性の（表が優勢からの、あるいは裏が優勢からの）入れ替わりは一年の最初の九日間に起こったきりになる。

ホットハンド信仰を反証する重要な研究が、コーネル大学のトーマス・ギロヴィッチとその協力者であるスタンフォード大学のロバート・ヴァローネとエイモス・トヴェルスキーによって行なわれた(2)。彼らはバスケットボールの統計に注目し、フィラデルフィア・セヴンティーシクサーズなどのプロチームのシュートに関する記録を、コーネル大学の（男女両方の）一軍バスケットボール選手による対照実験と併せて分析した。そして結論として、データは「連続するシュートの結果間の正の相関を示す証拠を何ももたらさ」ず、こうした相関が信じ続けられている理由の一つとして、「成功（または失敗）が長く続くことは交互の繰り返しが長く続くことより記憶に残りやすく、［そのため］見る側は連続するシュート間の相関を過大評価しがち」であることを挙げている。

ほかの研究も同じような結論に達している。たとえば、野球の統計に関するクリスティアン・オルブライトの研究は、「一部の選手はあるシーズン中に有意なストリーキネスを示している[3]」（この場合のストリーキネスは連続ヒットや連続ノーヒット）ものの、ランキングでは必ず誰かが最上位に、誰かが最下位になることを私たちは忘れてはならない、と結論付けている。大勢の選手（オルブライトは五〇一人について調べた）に注目すれば、誰かが単なる偶然でストリーキネスらしき結果を示しそうなものだ。オルブライトはそれを承知しており、「ランダムではない振る舞いを示した打者の割合は、ランダムモデルにより予測された割合と相応に近かった」とも述べている。

ホットハンド信仰は人を惹きつける力が強いうえ、私たちはプレーの連続成功といったパターンに生まれつき気づきやすいことから、この考えを追い払うのは至難の業《わざ》だ。その一つの表れとして、この反証を反証しようという研究者が必ず新たに出てくる。前にも述べたが、そもそも科学とはそういうものであり、ほかの研究者は理論や説明が新たなデータにどれほど耐えるかを試し、探る。反論のなかに、ギロヴィッチらが関連要因を残らず管理したわけではないというものがある。その議論によれば、スポーツやゲームのパフォーマンスはコイン投げの抽象モデルとはわけが違い、バイアスのない分析を行なうためには、選手の心理状態やちょっとしたけがなど、数多くの要因を考慮しなければならない。連続プレーの時間間隔も要因の一つだ。ホットハンド現象が時間とともに失われるなら、それを考慮していない分析の結果には当然影響が及ぶ。

ギロヴィッチらの結論に対する反論の試みとして、実在するがごくわずかな正の相関を検出するにはデータが不十分というものがある。そのとおりかもしれないが、実在してもゼロよりごくわずかしか大きくない相関なら、おそらく興味の対象にはならない。一般に、検出しようとしている差異が小さいほど検出に必要なデータは多くなる。たとえば、表の出る確率が0.9のコインが公正ではないことを検出するのに（つまり、表の出る確率が0.5ではないと気づくのに）たいした試行回数は要らない。一方、確率が0.501だったなら、検出にはたいへんな回数を要する。どれだけのデータが要るかは、知る価値があると考える差異がどれほど小さいかによる。だが、0.001しか違わないなら気になるだろうか？

野球のヒットにおけるストリーキネスの存在にオルブライトが否定的な結論を出しているわけだが、それに関するジム・アルバートのコメントからは、ストリーキネスを信じる人を説得することの難しさがありありとわかる(4)。彼はこう言う。「私は、この分析から野球のデータにストリーキネスが存在しないと結論付けるのは間違っていると考える。そうではなく、ストリーキネスはほかの状況的な変数と同様、データの微妙な特性だと認識すべきだ。……ストリーキネスは多くの人がよく理解していないデータ特性の一つであり、統計的に検出するのが難しい」

反論の余地はない。どのようなデータにも、特に人間に関するデータにはそれぞれに機微があり、それらの多くは概して隠れているものと思っているべきだ。だが、アルバートによる次のコメントには最後のあがきの気配が漂っている。「データは私が間違っていると言っているように見えるが、何らかの環境下ではあの効果は存在しているのかもしれない」。そうかもしれないが、このコメントは連続実験で現象の存在を示せなかったときのESPや超心理学の信者の主張を思わせる。

偶然の一致も、出来事にパターンを見いだしたがる、人間の意識下のニーズを表している。その例は、2章でカール・ユングのシンクロニシティーというアイデアを取り上げたときにいくつか見たが、ここでまた別の例を挙げよう。以下は『思い出、夢、思想』(5)（邦訳に『ユング自伝――思い出・夢・思想』、河合隼雄・藤縄昭・出井淑子訳、みすず書房がある）からの引用だ。最初の引用に出てくるのはユング博士の以前の患者で、ユングはその患者を「心因性の鬱から快復させた」。その後、患者はある女性と結婚したのだが、ユングはそのお相手の女性には「好感を抱かなかった」。ユングから見ると、「妻の態度は対処できないような大きな負担を患者に［与えていた］」のだ。やがて患者の病が再発し、そしてユングには一度も連絡してこなかった。ユングはその後について次のように述べている。

あのときはBで講義をすることになっていた。ホテルに帰ったのは真夜中ごろだった。講義のあとしばらく何人かの友人の相手をしてからベッドに横になったが、長いこと目が覚めたままだった。二時ごろに——ちょうど眠りに落ちたときだったのだろう——びくっとして目を覚ました。誰かが部屋へ入ってきた気がしたのだ。ドアが急に開いたような感覚さえあった。すぐに明かりをつけたが、何事もなかった。誰かがドアを間違えたのだろうかと、廊下に出てみた。だが、静まりかえっていた。「おかしいな」と私は思った。「誰かが部屋に入ってきたはずだ！」そこで、具体的に何が起こったのかを振り返ってみたところ、鈍い痛みを感じて目を覚ましたことに思い当たった。それは何かが私の額を、続いて後頭部を打ったかのような痛みだった。翌日、あの患者の自殺を知らせる電報を受け取った。拳銃自殺だった。後日、銃弾が頭蓋の後壁で止まっていたことを知った。

この経験は、元型的な状況——この場合は死——に関連してきわめてよく見られる、純粋に同時発生的な現象だった。無意識における時空の相対化によって、現実には別の場所で起こっていた何かを知覚したようなのである。[6]

なるほど。だが、午前二時前まで寝ないでいたから頭痛がしてきて、誰かが近くの部屋に入るときにドアをバタンと閉めたから彼はびくっとして起きた、という可能性もある。ユングがこれまで何度、ホテルの部屋であのようにして目が覚めたことがあるかを考えなくてはならない（私は何度もある）。それも「元型的な状況」とは無関係に（少なくとも私のは無関係だ！）、そして「無意識における時空の相対化」に基づく説明抜きで。この出来事はユングにとっては特筆すべきものだったのかもしれないが、ありえなさの原理のより糸で説明できる。

二つめの例はもっととっぴで不自然だ。

一年後にもう一枚絵を描いた。やはりマンダラで、黄金の城を中心に据えていた。できあがったとき、「どうしてこんなに中国風なのだろう」と思った。印象的だったのは形や彩色で、自分には中国風に思えたのだが、見た目に中国風なところは何もなかった。にもかかわらず、私は中国風だと感じたのである。それから間もなく奇妙な偶然の一致が起こった。リヒャルト・ヴィルヘルムから受け取った手紙に、『黄金の花の秘密』という道教の錬金術に関する小論の原稿が同封されており、それについて論評を書いてくれとあったのだ。……

この偶然の一致、この「シンクロニシティー」を思い出しながら、……私は次のように書いた。[7] ……

ユングの普通ではない興味の対象を思うと、彼は奇妙な原稿が添えられた手紙を受け取ること(や、奇妙な物語を聞かされること、など——私たちはこの網をどこまで広げるべきなのだろうか? いったいどこまで〝近い〟ことが同じなのか?)が多いと考えてよさそうだし、「それから間もなく」がどれほどの期間だったのかは明言されていない。ありえなさの原理に言わせれば、あの二つの事象――ユング自身が描いた絵に対する当人の主観的な感情と、彼があの手紙を受け取ったこと――の「偶然の一致」は驚くべきことでも何でもない。そもそも、送られてきた手稿は黄金の城に関するものでさえない！　赤い城に関する手稿だったら黄金の花の場合と同じくらい驚いただろうか？　何より、ここではユングの興味が選択の法則を発動させている。彼が気づいて取り上げたのは自分との関連が強いトピックだ。

こうした状況では確率てこの法則も顔を出すことが多い。誰かに関する記事を読んだあとにその人物をテレビで目にし、さらには職場で同僚がその人物の話をしているのを耳にすることがある。最初は、そうやって名前が何度も出てくるのを何かの偶然の一致だと思うかもしれない。だが、おそらくそういう人物はニュース価値のある何かをした。新聞に取り上げられる確率、テレビに出る確率、同僚の口に上る確率がどれも上がっていたのだ。これらの事象の背後には共通の原因があって、それが確率分布を変えていたのである。これも、従属関係を的確に考え合わせないと確率に関する判断を誤りかねないという一例だ――サリー・クラーク裁判の場合と同様に。

こうした状況は6章でも見た――新しい語句を初めて目にして間もなくそれを再び目にすることは珍しい経験ではない。私たちは選択の法則がそうした経験へと導く仕組みを見たが、ありえなさの原理のほかのより糸でも説明がつき、もしかすると相乗効果でこの現象をいっそう印象的にしている。たとえば、あなたの振る舞いが変わって――その語句が頻出する分野の本やその語句を用いる新たな著者の本を読むことで――、確率てこの法則が効いたのかもしれない。その語句を目にしたことはあったかもしれないのだが、最近話題になって意識が向いていたおかげで気づいたのかもしれない――これは選択の法則だ。それとも、世界が変わって、かつてまれだったその語句の使用がそれほどではなくなったのかもしれない。語句の意味が変わってより広く使われるようになったとか（たとえば「ツィート」）、新しい語句が作られたとか（たとえば「ググる」）、語句が国境を越えたとかして。こちらは確率この法則の別な形の表れである。

このように特定のことがらに気づきやすくなるという現象が、本書を書き終えようとしていたころの私にも起こった。私は統計的な手法の天文学への応用に興味があるのだが、私たちがいかにミスリードされやすいかにも興味があって、そのころは手品に関する本を読んでいた。そんななか、二〇一二年一〇月六日の《タイムズ》紙に、例のごとくその日生まれの過去の著名人の一覧が載った。そこには一七六五～一八一一年に王立天文台長を務めたネヴィル・マスケリンの名があった。ところがである。そのわずか数ページあとに、第二次大戦中に連合軍司令官を務めたイギリスのモントゴメリーが攻撃地点をミスリードしてドイツのロンメルを欺いた一件の記事があった。モントゴメリーはこのために絵師や大工を雇い、六〇〇台の戦車やトラックを偽装させて無害に見せかけるとともに、別の場所に大砲や戦車の実寸大模型を配置した。この計略のために雇われていたなかで記事に名前が挙がっていたのが、ジャスパー・マスケリンという有名な奇術師で、自分はネヴィル・マスケリンの子孫だと主張していた。なんという偶然、と私は思った。二人の血のつながった人物が、同じ日に、まったく関係のない記事で触れられているとは！　だが、ご注意あれ。私がこのことに気づいたのは、私がどちらの話題――天文学と手品――にも興味があったからというだけのことである。端《はた》から見れば、私が「偶然の一致」をほかにいくつ見逃していることかと、そして興味がほかにあったうちの何人が同じ新聞を読んでそのことに気づいたかと、思わずにはいられまい。さらに言えば、二つの記事で触れられていたマスケリンは同一人物ではなく、近いは同じの法則も効いている。

心理的な驚き

前のセクションでは出来事のパターンを、そして各種の心理的なバイアスによって私たちがそうしたパターンに遭遇しやすくなる仕組みを見てきた。ランダムな数の並びに含まれる数の繰り返しの割合を私たちが過小評価しがちなのもその一例だ。また、世界の変化や私たち自身の内面の変化が思わぬパターンを目にする可能性を高め、私たちを驚かせる仕組みについても見た。

時として、この手の効果が「フィードバックメカニズム」を通じてさらにはっきり現れることがある。フィードバックが効いてくるのは、ある出来事や現象に対する反応がそのあとそれが起こる確率に影響を与える場合である。このメカニズムは生物が関係する系でよく見られ、たとえば〝被食者‐捕食者〟サイクルが挙げられる。カナダオオヤマネコはカンジキウサギを獲物にしている。ウサギの数が増えると、獲物を見つけて生き延びられるオオヤマネコが増えることになる。オオヤマネコの数が増えれば、食べられるウサギの数も増えてウサギの個体数が減る。すると、獲物を見つけられるオオヤマネコの数が減って、オオヤマネコの個体数が減る。捕食者が減れば、ウサギの個体数が増える。というサイクルが延々と続く。

株価の変動もそうだ。株価が上がると買い手が増え、価格はさらに上がる。それにより買いがさらに促され、株価がさらに押し上げられる。だが、そのうち誰かが頭打ちになったのではないかと思い始める。そして売る。株価が少し下がる。下がったのを見てほかの者も売って、さらに下がる――という具合に続く。

2章で紹介した自己成就予言もフィードバックメカニズムの一形態と言えよう。自己成就予言では、何かがきっと起こると信じることが、その何かが起こる可能性を高める行動を導く。心配性の学生が、落第すると思い込んで勉強より心配事に時間をかけて結局落第する、というロバート・マートンが挙げた例を覚えているだろうか？　自分には良いことが起こると期待している楽天家は、良い物事が起こりうる状況にみずからを置きやすいと言われている。確かに、生まれつき運がいいと思っている人は、幸運が向こうからやってくるような機会をうまいこと作りだすのかもしれない。イギリスのノッティンガムシャー州ステープルフォードに暮らすリズ・ディーニャルは、三七型液晶テレビ、ホームシアターシステム、二台のＸｂｏｘ、豪華ケニア旅行を当てたり、ゲーム番組で一万六五〇〇ポンドを獲得したりと、賞をたくさん当てている。なんと、彼女が言うには、二〇一二年一〇月から（彼女の成功を紹介する記事[8]が新聞に載った）二〇一三年六月まで毎日何かしらを当てている。つまり、驚異的な回数だけ、抽選やゲームにエントリーしていたのだ。4章の注で「買ってみなけりゃ当たらない」というロトの宣伝文句を紹介したが、同じことが当てはまっている。十分な数の競争にエントリーすれば、あとは超大数の法則がよろしくやってくれるのである。

同じように、十分に長いこと探し続けさえすれば探し物はなんであっても見つかると信じている楽観的な人は、見つからないと思っている悲観的な人より探す時間がえてして長い。そして、探す時間が長い分、見つかりやすくなる。

だが、選択の法則を忘れることなかれ！　たとえば、「乗り越えられたのはできると信じていたから」と言って致命的な病気と闘っている人の存在はよく知られている。だが病死した人は、たとえ信じていたとしても、信じていたが乗り越えられなかったと生きてあなたに伝えることはない。

「買ってみなけりゃ当たらない」というフレーズは、不可能（確率ゼロ）と可能（ゼロより上の確率。とはいえ、ロトの場合はゼロよりほんのわずかに上）のあいだにある一線をよく表している。あいにく、きわめて低い確率を評価するのは概して難しい。私たちはたいてい、きわめて低い確率を過大評価し（事象が本来より起こりやすいと考え）、きわめて高い確率を過小評価する。きわめて低い確率に対して人間心理がこのようにねじれることには「可能性の効果」という呼び名がある。本当の確率は一〇〇万分の一かもしれないのに、私たちはそれを誇大視する。一四〇〇万分の一というロトの当選確率はボレルの法則が当てはまるほど小さいが、それでも私たちはロトを買う。同じように、きわめて小さいリスクをさらに小さくするかすっかりなくそうと、私たちはしばしば喜んでオッズ以上の金《カネ》を出す。極端な例だが、お望みなら宇宙人による誘拐に対する保険が買える――ちなみに、誘拐の影響からの快復中に発生した医療費は全額カバーされるそうなので、ご安心を。

可能性の効果はボレルの法則から導かれる帰結を誇大視する。可能性の効果のせいで、私たちはきわめてありそうにない出来事をそれほどではなさそうだと誤解し、ことによるとずいぶんありそうだとさえ考える。だが、ボレルの法則によれば、きわめてありそうにない出来事なら私たちが目にすることはない。つまり、私たちがどれほど起こりそうだと思ったところで目撃することはないのだ。実世界とそれに対して私たちが思うところとのずれが増幅されるのである。

これとは対極の確率において見られる効果は「確実性の効果」と呼ばれている。ほとんど確実な出来事の確率を過小評価する傾向のことだ。これと興味深い好対照をなしているのが「自信過剰効果」というまた別の心理現象で、ある出来事が起こるかどうかを予想するよう頼まれた人は自分の予想を過信しがちになる。だが、出来事は実際には人間が思うほど頻繁には起こらない。そして、これが「後知恵バイアス」（過去の出来事を当時思っていたより予測可能だったと見る傾向）につながるのだが、これについてはもう少ししたら取り上げよう。

こうしたバイアスはどれも解消するのが難しい。解釈が私たちの観点に左右されるからだ。二件の治験があり、片方の精度が九五パーセント、もう片方が九六パーセントだったとしよう。あなたはこの二つを基本的に同じくらい有効だと見なすだろう。ここで、別の見方をしてみる。片方の治験で五パーセントの患者が誤分類されるのに対し、もう片方では四パーセントしかないとする。その差は5%中の5%－4%＝1%だ。ということは、二つめの治験では患者の誤分類が一つめより五分の一少ない。すると二つめのほうが一つめよりずいぶん良く見えてくる。

同様に、確率の値がきわめて小さければ、その値を二倍したところでやはりきわめて小さい。たとえば、製薬会社が新薬の販促において、自社の薬では副作用が一〇万人に一人しか起こらないのに対し、他社の薬では五万人に一人（つまり一〇万人に二人）起こると主張しているとしよう。その新薬によって副作用を起こす人は半数しかいない。悪くないのでは？確かに。だが、その差はわずか一〇万人に一人だ！　これは実に小さい数である。人生において心配すべきもろもろのリスクのなかで、これはあなたのレーダーに引っかかる最重要項目にはなるまい。ボレルの法則の域には達していないものの、些細ではある。この二つの危険率の差は無視できよう。

もっと微妙な思い違いに「分母の無視」がある。確率の専門書には制約のある人為的な状況に関する記述がよくあり、実世界の雑多な状況から抽出された確率の本質に注目させる作りになっている。現に、本書でも各所でコイン投げやサイコロ投げを持ち出してそれをやっている。同じ理由で、確率の教科書ではときどき壺からビー玉を取り出すところを思い浮かべさせる。たとえば、次のような二個の壺があるとする。

壺1にはビー玉が一〇個入っており、九個が白で一個が赤。
壺2にはビー玉が一〇〇個入っており、九二個が白で八個が赤。

どちらの壺が一〇個入りでどちらが一〇〇個入りかは知らされている。
ここで、あなたが中を見ずに壺に手を入れてビー玉を一個取り出すよう言われたとしよう。取り出したのが赤だったらご褒美がもらえる。さて、あなたはどちらの壺を選ぶべきだろうか？　一〇個入りのほう、それとも一〇〇個入り？

簡単な計算により、壺1から赤いビー玉を取り出す確率は一〇パーセント、壺2からは八パーセントなので、合理的な答えは壺1となる。だが、問われた人の約三分の一が壺2を選ぶ。どうやら、赤いビー玉の数は壺2のほうが多いことから、大勢が壺2のほうが色がより均一に混ざっていると（正しく）結論付けているようだ。だがこの結論から、より均一に混ざっているなら壺2から赤を取り出す確率のほうが高い、という誤った推論をしているのである。

3章では大数の法則を（超大数の法則とは区別して）紹介した。大数の法則によると、ある母集団からランダムにサンプリングされた数の集合の平均は、ランダムなサンプルが大規模になるほど母集団全体の平均に近づく傾向を示す。これに関連して、大数の法則が小さな数にも当てはまるという誤った想定を「少数の法則」と呼ぶことがある。

公正なコインを一〇〇回投げるとしよう。大数の法則から言って、表の出る割合が二分の一、すなわち0.5から大きくはずれる可能性はかなり低い。実際に計算すると、割合が0.5からはずれて0.4を下回るか0.6を上回るかする確率は0.035である。ここで少数の法則が登場し、私たちはコインを五回投げた場合にも割合が0.4を下回るか0.6を上回るかする確率が同じように小さいと予想することがある。だが、その予想は間違いだ。実際に計算してみると、確率は0.375となる。そうなる可能性は一〇倍以上も高いのだ。

同じ現象のバリエーションを紹介しよう。二種類の局所麻酔薬を比べるとする。片方にはランダムに選んだ四人からなる患者のグループを、もう片方には別に選んだ四〇人からなる患者のグループをあてがう。薬の効き目を評価するため、患者の皮膚に先の尖った器具を、皮膚に穴があかない程度の強さで押し付け、そのときの不快さを「とても痛い」、「なんとなく不快」、「ほとんど感じない」の三段階で評価してもらう。

ここで、患者の出どころである母集団全体において二種類の薬は効き目が実は同じで、どちらの麻酔薬でも母集団の三〇パーセントがこの皮膚試験で「とても痛い」と評価するはずだとする。なので、どちらのグループでも三〇パーセントがそう評価すると予想される。平均は三〇パーセントなのだが、最初のグループとしてランダムに選ばれた患者四人全員が偶然「とても痛い」と評価したとしても（確率は一二三分の一）、おそらくたいした驚きにはならない。

それに対し、二番めのグループとしてランダムに選ばれた患者四〇人全員が偶然「とても痛い」と評価したなら（確率は8×10^{20}分の一）、こちらはびっくりだ。規模の小さいグループでは大きいグループよりばらつきの大きい結果が得られやすい——ひいては、極端な結果が得られる回数が多くなる。少数の法則は、事例の数が少ない場合にこうしてばらつきが大きくなることを私たちが考慮しそこないがちなことを指すのである。

ばらつきが大きいことの影響は6章でも見た。ある仕事の候補者選びの例では、点数のばらつきが大きい候補者のほうが点数がまとまっている候補者より、テストを何度も繰り返せば平均点が同じになるとしても、高得点をとる可能性が高かった。同じことがここでも言えるが、この例でばらつきが大きいのはサンプルサイズが小さいからだ。サンプルサイズが小さければ、サンプル平均のばらつきが大きくなる。そのため、技量の同じ外科医が二人いたなら、手術の件数が少ないほうの成功率のばらつきが大きくなりそうだ。このばらつきは、高成功率の——そして低成功率の——確率を高めるという形で現れる。ありえなさの原理の観点からすると、これはつまり、データの少ない測定結果からはまれな部類に入りそうな平均値が得られやすいということである。

ちなみに、「少数の法則」という呼び名にはほかの現象を指す使い方もある。ポアソン分布から選び出された数の振る舞いがその一つだ。これとは別に、リチャード・ガイの「小数の強法則」というのもあり、こちらは「小さい数に対して多数ある需要を満たせるほど、小さい数は多くない」[9]という、彼の陽気な考察に基づく法則である。小さい数はあまりに少なく、そのためたくさんの場所に顔を出しては見かけの偶然の一致を生み出している、というわけだ。ガイはこう問うている。小さい数が絡む偶然の一致を目にしたとする。それは単なる偶然か、それとも背後に存在する奥深い真理を反映したものなのか？　この問いに答える一つの方法は、そういう例を大きな数についても試してみることだ。そうすることで、一致がまったくの偶然なら消えてなくなるからである。例を二つ挙げよう。二つめの出どころはガイである。

例1　$3^2+4^2=5^2$ であり、また $3^3+4^3+5^3=6^3$ である。3から始まる連続する整数のあいだでこうした関係は常に成り立つのだろうか（たとえば、$3^4+4^4+5^4+6^4=7^4$ になるのか？）、それともこの二つは単なる偶然の一致なのだろうか？

例2　正の整数を書き出したあと（一行めのように）、一つおきに消していき（二行めのように）、残りについて累計をとっていくと（三行めのように、$1+3=4$、$1+3+5=9$ など）、二乗数が得られる。

1　2　3　4　5　6　7　8　9　10　11

さて、このプロセスで二乗数ができるのは数本来の性質なのか、それともこの例の小さな数にたまたま当てはまるだけなのか？[10]

1	1
3	4
5	9
7	16
9	25
11	36

ガイは「表面的な類似性が偽りの言明を生む」や「当てにならない偶然の一致が軽率な推測を生む」など、小数の強法則に従ってさまざまな形で展開する成り行きを挙げている。

出来事と人間の望みとの相互作用におけるまた違う一面に触れずしてこの議論は終えられない。ありえなさの原理の一部ではないのだが、先へ進む前に触れておく価値がありそうなのが、「失敗する可能性のあるものは、失敗する」というマーフィーの法則だ。

マーフィーの法則は世の中が思いどおりにならないことへの皮肉なコメントだが、この皮肉が時に強く表現されることがある。奇術師のネヴィル・マスケリン（前出の王立天文台長ではなく、やはり前出のジャスパー・マスケリンの父親）がこう記している。「失敗する可能性のあるものはすべて必ずや失敗する。それが物質の悪意あるいは無生物の全的堕落のせいだとしか考えられないとしても……」[11]。この「無生物の全的堕落」という表現が実にいい！（訳注　「全的堕落」はプロテスタントのカルヴァン主義の教理の一つで、〝人間は原罪によってすっかり腐敗している〟ことを指す）

マーフィーの法則という呼び名の由来は、一九四九年にアメリカのエドワーズ空軍基地に勤務していたエド・マーフィー大尉だと言われることがあるが、背後にあるアイデアはおそらく人類と同じくらい古い。マーフィーの法則は、「起こる可能性のあることは、起こる」と表現すれば超大数の法則の特殊ケースと捉えられるし、閉じた系でランダムさは増大するという熱力学第二法則のバリエーションとも言える。

マーフィーの法則のもっと極端なバージョンもあって、「ソッドの法則」とも呼ばれている。ソッドの法則は、可能性のある最悪の事態は必ず起こる、とシンプルに言い切る。道を急いでいれば信号が赤に変わり、大事なメールを送ろうと送信ボタンをクリックしようとしたまさにそのときにメールソフトがクラッシュする。もっと深刻な事態としては、作曲家のベートーヴェンは聴覚を失い、デフ・レパードのリック・アレンなどのドラマーは片腕を自動車事故で失った。だが思い出そう。超大数の法則によればそうした事態は起こるものであり、選択の法則によれば私たちはそうした物事を思い起こすものなのである。

後知恵

時間は一方向に過去から未来へと進む。未来は混沌とした海のようなもので、可能性から可能性へと泡が立ちのぼったり渦が伸びたりする。そして物事が起こりそうに見えたと思った途端、ほかのもっとありそうな物事に取って代わられ、それがまた別の何かに取って代わられる。〝現在〟は凍てつく風のごとく振る舞う。そこを通過する出来事を凝り固め、絶対に変わらないように結晶化させて、動かない過去の一部にするのだ。

〝現在〟がこの先進んでいきそうな各段階をじっくり検討することを通じて次に何が起こるかを予想してみることは可能だ。だが、確かなことは未来が過去になるまで決してわからない。何か思いも寄らないことが邪魔をして予想がはずれる可能性が常にあるのだ。だが、未来がひとたび過去になってしまえば、振り返ってそこへとつながる道筋を見いだすのはたやすい。これが後知恵バイアスの基本である。

未来の予測は、出来事が複雑に連なるととりわけ難しくなる。6章で触れたように、9・11のテロは、あとから振り返るとあの攻撃につながる各段階が見えてくるが、同時進行していたありとあらゆるほかの物事を含めた大混乱のまっただ中に前もってとなると、見てとることはできなかった。

レナード・ムロディナウは『たまたま――日常に潜む「偶然」を科学する』(田中三彦訳、ダイヤモンド社)という素晴らしい著書で、一九四一年の迫りくる真珠湾攻撃に対し、あとから振り返ると一連の予兆に明らかな含意があったことを説明している。(12) 予兆のなかには、日本のスパイに米軍の戦艦の係留区域に関する情報を要求していた盗聴メッセージや、日本軍がコールサインを通常の六カ月に一回ではなく一カ月に二回も変更したという事実、あるいは日本の外交官に暗号とその解読法を破棄するとともに機密文書を焼却するよう求めた指示、などがあった。あとから振り返ると、そしてこうした一連の予兆をほかに起こっていたことと切り離して考えれば、よほどの愚か者でなければ何かあるとわかる。だが繰り返すが、あとから振り返ると物事は実によく見通せる。当時、こうした予兆が見られたのはほかの出来事や事件を含めた激しい混乱のなかでだった。それらだけを取り出してつながりがあると認めて、迫りくる嵐を予想することは不可能だった。後知恵はきれいごとだ。

各分野を代表する権威による自信たっぷりの予想があとから振り返ると救いようがなく間違っていたという例は枚挙に遑《いとま》がない。いくつか挙げてみよう。

「私は気球以外の空中航法にはいかほどの信仰も抱いていない」（たいてい「空気より重い空飛ぶ機械は不可能だ」と言い換えられている）

ケルヴィン卿、王立協会会長、一八九六年

「われわれが感染症に関する教科書を閉じる時が来た」

ウィリアム・H・ステュアート、米国公衆衛生局長官、一九六九年

「役者のしゃべりなんて誰が聞きたがる？」

H・M・ワーナー、ワーナーブラザーズ、一九二七年

「ギターバンドは廃《すた》れかけている」

デッカ・レコード社、一九六二年にビートルズを却下するにあたって

「iPhoneが市場でそれなりのシェアを獲得する可能性はない」

スティーヴ・バルマー、二〇〇七年（訳注　マイクロソフト元CEO）

英国女王が二〇〇八年一一月にロンドン・スクール・オブ・エコノミクスを訪れた際、有名な話だが、信用崩壊が迫りつつあったことになぜ誰も気づかなかったのかと問うた。英国学士院はこう説明した。実は大勢が崩壊を予見していた。だが、崩壊が具体的にどのように起こるか、そして正確にいつ起こるかはわからず、予測は不可能だった、と。この私も、この先何かが変わると予想していたとは主張できる。だが、私の先見の明は大したものではなかった。クレジットカード融資という形で消費者信用がここ数十年ほど指数関数的に成長していたのだが、それが永遠に続くとは考えられず、それを根拠に何かが変わると予想していただけのことで、物事がいつ、具体的にどうなるかについては何の見当も付いていなかった。

歴史家のE・H・カーは後知恵バイアスに関連して、そして偶然だが選択バイアスにも関連して、個人的な思い出を語っている。「この大学で何十年も前に古代史を勉強していたころ、私には〝ペルシャ戦争中のギリシャ〟という特別なテーマがありました。本棚に一五冊なり二〇冊なりの本を並べ、このテーマに関連する事実はすべてそこにあると、並べた本に

記録されていると、何の疑いもなく思っていました。ここで、私が並べていた本にはあのテーマに関して当時知られていた事実、あるいは当時知りえた事実がすべて書かれていたと想定してみましょう――それはほぼ事実でした。ですが、どのような偶然や消滅過程を経て、かつて誰かに知られていたはずの膨大な全事実のうち、たったあれだけの選ばれた事実が生き残ってこれぞ史実とされるに至ったのでしょう。当時の私はそういう疑問を抱きすらしませんでした[13]」

この章では、物理のありようであるありえなさの原理のより糸から心理のありようであるより糸へと、この世界の仕組みの避けがたい帰結であるより糸からこの世界を私たちがどう見るかの帰結であるより糸へと目を移した。この二種類のより糸は互いに影響しあってありえなさの原理を増幅することがあり、そうなるとこの原理はさらに強力になるのである。

10章　生命、宇宙、その他もろもろ

（訳注　ダグラス・アダムス著の『銀河ヒッチハイク・ガイド』シリーズ（安原和見訳、河出文庫など）に出てくるキーフレーズの一つ。章題は安原訳を引用）

偶然がわれわれを利する何をしていると？

——ウィリアム・ペイリー

生命と偶然

人間はきわめて複雑な生物だ。各人の身体にはそれぞれ約10^{27}個の分子が含まれている。だが、必要な分子をすべて用意し、それを壺に入れて振ったとしても、正しくつながって人間ができる確率はボレルの超宇宙的な尺度で無視できる程度しかなさそうだ。そんなことは起こらないだろう。それがボレルの法則だ。

ここにリチャード・ドーキンスの試算がある——人間一人まるごとについてではなく、そのごく一部、酵素分子一個についてだが。彼は酵素分子が「偶然によって自然発生的に存在するに至る」確率に目を向けた。「利用できるアミノ酸は二〇種類と決まっている。典型的な酵素はこの二〇種類が鎖のように数百個つながったものだ。簡単な計算により、たとえば一〇〇個のアミノ酸からなる鎖が自然発生的に形成される確率は二〇×二〇×二〇……と一〇〇回掛けた数《かず》分の一、すなわち20^{100}分の一となる。この20^{100}という数は想像を絶するほど大きく、この宇宙全体に存在する素粒子の数をはるかに上回っている。……チャンドラ・ウィクラマシンゲ教授は……うまく働く酵素が〝偶然によって〟自然発生的に形成されるというのは、ハリケーンが廃品置場を通過して運よくボーイング747が自然にできるというようなもの、という［サー・フレッド・ホイルの］見解を引用している」(1)

フレッド・ホイルの派手な例はいいところを突いている。アミノ酸がランダムに動き回っておのずと酵素になる確率はきわめて低く、そんなことは起こらない。しかし、酵素はもちろん、人間が現に存在している。ありえなさの原理の出番が見るからにありそうだ。だがその前に、考えられるほかの説明を検討してみよう。

身の回りを見渡すと、家、飛行機、車、コンピューター、テレビなど、ありとあらゆる複雑な構造物が目に入る。もちろん、どれもこの世に偶然ポンと現れ出《い》でたわけではなく、実際には設計され、作られたものだ。

一八世紀の哲学者ウィリアム・ペイリー（没年は一九世紀の一八〇五年）は、生物には創造主がいるに違いないと考える根拠としてまさにこのアナロジーを使った。彼は著書『自然神学』をこう書き出している。「荒野を歩いていた私が石に足をぶつけて、その石はどうしてそこに存在するに至ったのかと訊かれたとしたら、思いつく限りの対案を考えたうえで、それは永遠にそこにあった、と答えるかもしれない。この答えを愚かしいと切って捨てるのはそうたやすくはなさそうだ。それに対し、懐中時計が落ちているのを見つけたときも、その時計がどうしてそこに存在するに至ったのかと尋ねられそうだが、こちらに対しては、思いつく限りにおいてそれはおそらく永遠にそこにあったようだ、といった、先ほどと同じような答えはまず考えないはずである。……いつか、どこかに、われわれから見て現にかなえられている目的に沿って［その懐中時計を］形にした、すなわちその構造を理解し、その使い方を設計した、職人（たち）が存在したに違いない[2]」

この創造説の難点は何でも説明できることだ。このことについては2章で奇跡を取り上げた際にすでに見ている。「それはそこにあるだけ／誰かがそこに置いた」という議論はどのような証拠を挙げても反証できない。それに、その創造主は誰が作ったのか――一連の創造はどこで、さらにはどのようにしてスタートしたのか――という厄介な問いもある。この創造説は説明というより問題のはぐらかしだ。

まだある。説明を要する物事は人間のような複雑な生命形態の存在だけではない。たとえば化石もそうだ。私たちは、岩に埋まっているのが今の生物界ではもう見られない動物の化石化した残骸だと知るに至った。ドラゴンやかつて存在した獣を題材とするいくつかの物語が、そうしたもう見られない動物を発想の源《みなもと》としていたことに疑いの余地はない。だが、そうした痕跡を詳しく調べ、化石の形とそれらが生きていた時代（化石が見つかった岩石の地層からわかる）とを対応させると、形に関するパターンが浮かび上がった。それはまるで、いろいろな時代のさまざまな生き物が関わる発達過程があって、生息していた生き物の種類に時間の経過とともに変化が起こっていたかのようだった。一つだけ例を挙げれば、何百万年前というヒトの化石は見つかっていないが、いろいろな点でヒトに似ている生き物の残骸が見つかっている。こうしたことにも説明が要る。

科学は私たちに説明を探すための戦略を授ける――だが絶対的な真理を探すための戦略はもたらさない。それどころか、絶対的な真理を求めるなら目を向ける先は純粋数学か宗教しかなく、断じて科学ではないと言われている。なぜ純粋数学が絶対的な真理をもたらすかと言えば、純粋数学とは単にあるルール一式を適用した場合にある公理一式からもたらされる結論を導くことだからだ。あなたは独自の世界を定義するわけで、その中でなら確かに絶対的な真理を述べられる。一方、信仰の表現としての宗教は、ある絶対的な真理を信じていることの表明である。

それに対し、科学は可能性がすべてだ。私たちは理論を、予想を、仮説を、説明を提唱する。そして証拠やデータを集め、その新たな証拠に照らして理論を検証する。データが理論と矛盾するなら理論のほうを変える。そうすることで科学は前進し、理解はいっそう深まる。だが、既存の理論と矛盾する新たな証拠が出てくる可能性は常にある。結論が変わりうること、すなわち真理が絶対ではないことは科学のきわめつきの本質だ。一九三〇年代の大恐慌の最中に金融政策に関する立場を変えたことへの批判に対して、有名な経済学者ジョン・メイナード・ケインズによってなされたと言われる次のコメントは、この本質が内包する良識をかいま見せるものである。「事実が変われば私は考えを変えます。あなたはどうなさいますか？」

新たな事実が蓄積されるにつれていつ考えを変えるべきかを決めるうえで、そして新たな事実を手持ちの理論ではもはや十分には説明できないと判断するタイミングを計るうえで、ありえなさの原理の背後にある法則は重要な役割を担う。こうした判断におけるありえなさの原理の活かし方は次章で取り上げるが、ここでも例を二つだけ詳しく見ていこう。

新たな証拠が出現したら理論が変わらざるを得ないことを示す申し分のない例が進化だ。ダーウィンが一八五九年に『種の起源』（渡辺政隆訳、光文社古典新訳文庫など）を出版して自然選択に関する自説の概要を述べると、高名な物理学者のケルヴィン卿が、この説は太陽には進化が起こるために必要な何十億年ものあいだ燃え続けるだけの燃料がないという「事実」と相容れない、と反論した。その「事実」は当時の知識からすればまったく妥当で、太陽がある種の化学反応によって燃えているという前提に基づいていた。まだ核反応が知られていなかったのである。だが核反応が発見されると、太陽が何十億年と燃え続けられることが明らかとなった。生命やヒトが進化する時間はたっぷりあったのだ。事実が変わり、説はその事実に沿うよう変わった。ちなみに、知識が逆の順序で積み上がっていたら、ダーウィンが太陽の年齢に関するケルヴィン卿の考えは誤りに違いないと指摘できたかもしれない。進化という「事実」は太陽がもっと古いことを求めただろうから。

小さな一歩と数十億年

大きな円錐形の丘の中腹に目隠しされて立っているところを想像してみよう。あなたの目標は頂上にたどり着くことだが、頂上がどの方向なのかは知らされていない。一つの戦略は誰かに迎えに来て連れて行ってもらうことだ。これは創造主という「説明」に相当する。だが、これは戦略でも何でもない。なにしろ、頂上の位置を知っているうえそこへ行くための戦略のある他人の存在を必要としている。これは「誰がその創造主を作ったのか」という問いに行き着く。

丘じゅうをランダムな方向へジャンプして、いつか頂上にたどり着くことを祈るという戦略もある。これはランダムに並んだ分子が合体して偶然ヒトの形になったという説明に似ている。いつかうまくいくかもしれないが、ずいぶん時間がかかるに違いない！

第三の戦略は少々複雑だ。片足をランダムな方向へ差し出し、その方向への一歩によって立つ位置が高くなるかどうかを確かめるのである。高くなるなら、その一歩を採用する。ならないなら、違うランダムな方向を試す。一歩進んだら、この手順を繰り返す。片足をランダムな方向へ差し出し……と続けるのである。

このプロセスにより、あなたは徐々に丘の頂上へと近づく——一気にでも一直線にでもなく、立つ位置がほんの少し高くなる数多くの小さな一歩を重ねて。ランダムなせいで経路が頂上の周りをぐるりと回ることもありうるが、それぞれの一歩は前より高い位置へと導く。数学者はこのプロセスを「確率的最適化」と呼ぶ。「確率的」なのは一歩一歩の方向がランダムに選ばれているから、そして「最適化」とされているのは目標へ少しずつ近づいているからである。数学者はこの戦略のバリエーションを用いて数式の最大値や最小値を求めている。

ここではありえなさの原理の二本のより糸が効いている。一本は超大数の法則だ。歩幅は狭くて一メートルもなく、丘は大きくて高低差は五〇〇メートルを超えているかもしれない(オクラホマ州ポトーの商工会議所によると、世界で最も高い丘は当地近郊のキャヴァナル・ヒルで、高低差が六一〇メートルほどある)。それに一歩の方向はランダムだ。一歩ごとに立つ位置は高くなっているとはいえ、増分は数センチ、もしかすると一センチもないかもしれない。だがそうした一歩一歩が積み重なれば、どの一歩も位置を少しずつ高めるので、いずれ頂上にたどり着く。

頂上にたどり着くという結果を必然的にするもう一本のより糸は、選択の法則である。あなたは一歩踏み出す前にその妥当性を確かめ、向上につながりそうにないものは却下している。つまり、あなたは位置を高める一歩だけを選んでいるのだ。どの一歩も、進んだあとにはわずかでも状況は改善されている。よって、次の一歩の出発点はすでにより良い位置にある。

丘の頂上にたどり着くためのこの一歩ずつの戦略には三つの主な要素がある。

- 一歩一歩の方向をランダムに選ぶ。

- 一歩をたくさん積み重ねる。

- 立つ位置がわずかでも高まる一歩を採用して、次の一歩の出発点をより高い位置にする。

この三要素の二つめと三つめはありえなさの原理の二本のより糸、すなわち超大数の法則と選択の法則だ。

この三つはまさに生物進化の原動力であり、おかげで生命やヒトが存在するに至った。その様子の一例を見ていこう。

春になるたび、ある種の昆虫は群をなして巣分かれする。女王がランダムな方角へ飛び立ち、ランダムな場所に降り立って、新たな巣を作る。冬が来るとはっきりするが、なかには冬の寒さに耐えられない場所に作られる巣がある。そうした巣は冬を越せない可能性が高い。一方、赤道により近いなど、少しばかり暖かい気候の場所に作られる巣もある。このような巣は冬を越せる可能性が高い。越せた巣は翌年に子孫ができて巣分かれする。このようにして、昆虫の群はより暖かい地域へ、より生き残りやすい地域へと少しずつ移動する。

見てのとおり、ランダムさが組み込まれている。各段階は女王の落ち着き先という本質的にランダムな側面に左右される。そして、選択プロセスが働いている。一部の個体が偶然移る先は、生き残って翌年に子孫をつくれる確率の高い場所であり、次世代は一生をより暖かい場所からスタートさせられそうだ。また、目立つ変化が現れるには数多くの世代を要することもうかがえる。

同じことは犬のブリーディングにおける進化の背後にも見て取れる。犬種は数が多いが、最初からそうだったわけではない。犬種の多様さは、長い時間をかけて望ましい特徴をもつつがいが選ばれてきた結果なのだ。生まれたなかには望まれた特徴があった子犬もなかった子犬もいた。あった子犬は、選ばれて次世代のベースになった。このプロセスを何世代にもわたって繰り返すことで、現在見られる特徴的な犬種へと徐々に近づいたのである。やはりランダムさが組み込まれている――どのつがいをとっても子犬が具体的にどうなるかは誰にもわからない。この例でどの子犬を選んで次世代をつくらせるかを決めるのは犬のブリーダーだ。一方、自然界ではどの子孫が生き残って次世代のベースになるかを環境が決める。

大きなスケールでは巨視的な気候変動が進化を促すことが考えられ、まさにそうした進化による適応が実際に目撃されている。イギリスの国立環境研究委員会の生態学・水文学センターに所属するティム・スパークスによると、「英国南部のある地点について毎年報告されている移動性鱗翅目《りんしもく》（チョウやガの類い）の種の数が一貫して増え続けている。この数は南

西ヨーロッパの気温上昇ときわめて強くリンクしている」(3)

シクラカベカナヘビというあまりなじみのない生物の例を紹介しよう。これが一〇四、一九七一年にクロアチアのポドムラル島に持ち込まれた。元いた島では主に虫を食べていたのだが、新たな環境では植物を食べる量が増えた。新しい島に移ったカナヘビは、今では頭部が大きくなって噛む力が強まっているほか、腸がより草食に適した構造に変わっている。

オーストラリアのオオヒキガエルの進化はかなりエレガントだ。オオヒキガエルはオーストラリア原産ではなく、サトウキビに被害を与える甲虫を駆除するための捕食者としてハワイから持ち込まれた。あいにく、この種はその後広い地域で繁殖し、在来の野生動物に大きな影響を与えている。オオヒキガエルは放った地点から波紋のように広がって、年々生息域を拡大中だ。波頭にいるのはもちろん素早く動けるカエルである。最前線のカエルは最速の部類の個体相手に繁殖する。結果としてその子孫の世代は遅れをとっている同胞より活発で素早く動け、そのため波頭の広がる速さは年々増している。これは進化の自然な成り行きである。

進化が起こるには多くの世代がかかるが、生き物によっては一世代の期間が比較的短い。たとえば細菌の場合がそうだ。実際、その進化を実験室で研究できるほど一世代がひじょうに短い。進化生物学者のリチャード・レンスキーは一九八八年から五万世代を超える大腸菌を観察しており、母集団の遺伝子構造が時間の経過とともにどう進化するかを探っている。五万という数は超大数の法則が効果を発揮するのに十分だ。

動物学者のマーク・リドレーは、進化の過程のいくつかの側面に対して違う目の向け方をしている。彼は時間の経過に伴う進化ではなく、好都合に働く特徴が地理的な位置によってわずかに違うことについて論じている。「英国から西へ北米までセグロカモメを見ていくと、外観はいかにもセグロカモメだが、英国に生息するものとは若干違ってくる。さらに西へ、見かけが少しずつ変わっていく様子を追うと、遠くシベリアにたどり着く。連続的な変化のこのあたりになると、セグロカモメは英国でニシセグロカモメと呼ばれている種のほうに似てくる。さらにシベリアからロシアを経て北ヨーロッパまで来るにつれ、徐々に移り変わってきた外観が英国のニシセグロカモメにますます似てくる。そしてついに、ヨーロッパの中で輪が一巡する。地理的に極端に離れた二つの形態が出会い、二つのれっきとした別種をなしているのだ。セグロカモメとニシセグロカモメは外観で区別がつき、自然には交雑しない」(4)

チャールズ・ダーウィンは基本的な進化の過程を見事にこうまとめている。「いかなる生物においても、有用な変異が実際に起こったなら、確実に、その特徴をもった個体が生存闘争において生き残る可能性が最も高くなるだろう。そして遺伝という強力な原理により、そうした個体は似た特徴をもつ子孫をつくる傾向が強まるだろう。この保存原理を私は簡潔に『自然選択』と呼んでいる」(5)

なんとも単純で、鮮やかで、強力なアイデアだ。ここでは超大数の法則と選択の法則が結び付いて原動力となっている。

コペルニクスの原理と平凡の原理

では、この世で最も起こりそうにない物事、すなわち宇宙の存在とそこでの生命誕生はどうだろう？　これについては、あまりに起こりそうにないことから、宇宙は超越した存在ないし神が意識的に労をとったことによって創り出されたとしか説明できない、と主張する向きがいる。だが、これは問題の解決ではなく回避だ。

前にも述べたが、科学においては証拠がすべてである。私たちは身の回りに目を向け、物事の性質を測定し、それらのあいだの関係を調べ、説明を探す。「最節約原理」や「オッカムの剃刀」などと呼ばれている科学の基本原理によれば、私たちは複雑な説明よりシンプルな説明を選ぶべきだ。地球をはじめとする惑星が太陽の周りを回っているというニコラウス・コペルニクスの説は、太陽が地球の周りを回っているという従来の説より、観測されていた惑星の運行データに対してはるかに魅力的な説明となったわけだが、それは従来の説がややこしい階層補正（いわゆる周転円）を要するのに対し、コペルニクスの太陽中心説では惑星が周回軌道を描いていることとしか要さないからだ。

こうして地球を太陽系の物理的中心から降格させることで、コペルニクスは革命をスタートさせた。この降格ののち、そもそも太陽は銀河系に一〇〇〇億個単位で存在する普通の恒星の一個にすぎず、その銀河系も宇宙に数え切れないほど存在する銀河の一つでしかないことが明らかになった。コペルニクスが地球は太陽系で特別な存在ではないと言ったように、より一般的な「コペルニクスの原理」によれば地球はこの宇宙で特別な存在ではない。コペルニクスは人類を普通の存在に降格させたと言えるかもしれない。

だが話はまだ終わらない。コペルニクスがスタートさせた革命は、この単なる地理的な降格をはるかに超えて拡張されている。そのきわめつけが「平凡の原理」だ。それによると地球は、ひいては人類は、この宇宙の特別な場所に存在しているわけではなく、そのうえ、人類が存在する条件にはほかの面でも特別なところはない。たとえば、私たちは選ばれて普通ではない物理法則を与えられているわけではなく、同じ法則は私たちのいるこの宇宙のどこへ行っても通用する（申し添えておくと、地球表面と恒星間空間や星の中心とで条件が大きく違うのは言うまでもない。だが、平凡の原理が語っているのは局地的な条件のことではなく、その背後にある物理法則についてだ。この原理はより高次の「コペルニクスの原理」なのである）。物理学者のヴィクター・ステンガーはこのことを彼が「視点不変性」と呼ぶ概念に引き寄せて詳しく述べている。視点不変性とは、物理学で用いられるモデルは、それが客観的な真理を表していると主張するなら、観測者の視点の取り方に左右されてはならない、ということである[6]。彼はこれを用いて、「私たちが知っている事実上すべての基本物理が視点不変性という原理一つから直接得られる」ことを示している。

さて、コペルニクスの原理は観測事実だ。太陽やほかの惑星に目を向けると、惑星が太陽の周りを回っているというのがそれらの振る舞いに関する飛び抜けて最もシンプルな説明だとわかる。だが、それを平凡の原理にまで拡張すること——人類は特別に選ばれているわけではなく、私たちの環境は異例ではなく普通であること——はずいぶん大きな飛躍に映るかもしれない。だが考えてみてほしい。普通の物事は、その定義からして、異例の物事よりはるかによくある。ならば、私たちが目にしている物事に対してさらなる情報や証拠がないなら、それがよくあることだと想定することだけが理にかなっている——ひいては普通なのである。私のサイコロコレクションに何千という普通のサイコロに混じって二個の重み付きサイコロがあるとすると（本当にある）、あなたがランダムに一つ選ぶとしたら普通のサイコロと重み付きとどちらを選びそうだろうか？

今私たちがしたことは実質的に、人類の環境が普通か異例か（あるいは私のサイコロの例で言えば、「あなたが重みなしのサイコロを選ぶ」か「あなたが重み付きのサイコロを選ぶ」か）という二つの可能性に確率を——主観的な「確信の度合い」という意味で——割り当てたことに相当する。このように確率を割り当てるルールは「不十分理由の原理」や「無差別の原理」と呼ばれている。あなたがこれと決まったサイコロを選ぶと想定する理由は何もないので、数千個それぞれが選ばれる可能性は等しく、よって重みなしのサイコロが選ばれる可能性のほうが圧倒的に高い、と私たちは考えるべきである。

同様に、私たちが地球で目にしている物理法則は、私たちだけに特別なものではなく、この宇宙のどこにおいても通用する普通の法則だと想定するのが無難だ。これは証明ではないし、観測事実でもない。確率と不十分理由の原理との兼ね合いを考えたうえでの推論である。こうして、地球が太陽系の中心ではないことから出発して、日常的な物理法則が特別なものではないというところまできた。だが、話はまだ続く。

微調整

物理の根底には、宇宙のさまざまな基本的性質を記述する「普遍定数」がいくつか存在する。光速、プランク定数（これが量子力学の核心）、普遍的重力定数、電荷、電子と陽子の質量比などがそうだ。

　物理法則の研究によると、恒星や惑星が、ひいては人類が存在するには、こうした普遍定数どうしの特定の関係を示す値がまさにその値でなければならない。あるいは少なくとも現状の値にきわめて近くなければならない。これが「微調整」の議論である。そして「不十分理由の原理」を持ち出して、取りうる値がほかにも圧倒的なほど数多くあることから、私たちが存在するために必要なこの狭い範囲に値が収まる確率はきわめて低い、と結論付けている。それほど確率の低い事象が起こったというなら、何か説明がほしい。これはあなたの選んだサイコロが二個ある重み付きのどちらかだったというような話だ。先験的《アプリオリ》に考えればまったく起こりそうになく、あなたは説明を探すだろう。

この件については特殊創造説などさまざまな説明が提唱されている。だがここまで見てきたように、ありえなさの原理のさまざまなより糸が思わぬ形で確率をゆがめていて、当初はどう考えても起こらなさそうに思えていた結果が実は結構確実だった、ということがありうる。ありえなさの原理のより糸がその効果をどう発揮するかの前に、自然界の普遍定数の例を四つ見ていこう。

まず「強い核力」だ。強い核力は原子核の内部で陽子と中性子をつなぎ止めている。この力がたった二パーセント強まるだけで、二個の陽子からなる原子核が安定になる。そうなると、恒星内部で起こる核反応で水素が融合したとき、重水素やヘリウムではなく「ジプロトン」になる。その結果、恒星の振る舞いが変わる。地球上のあらゆる生命は恒星からのエネルギー、あるいは少なくとも特定の恒星――われらが太陽――からのエネルギーを原動力としているので、この二パーセントの違いによって私たちのような生命は存在できなくなる。

次は「宇宙マイクロ波背景放射」を取り上げよう。初期の宇宙は熱くて高密度だった――密度があまりに高くて電磁放射的に不透明で、光子は自由に動けなかった。だが、四〇万年ほど経ったころ、宇宙は膨張して十分に冷えて（三〇〇〇Kほどにまで）、陽子と電子が結合して電気的に中性の水素になれるようになった。これにより素粒子スープの濃度が薄まり、放射線が自由に飛び交うようになった。今ではこの放射線をマイクロ波の周波数域で観測でき（それなりの検出器がもちろん要《い》るが）、一九九〇年代初頭以降、その強度に見られるむらを検出できている。一〇万分の一の単位という実に小さいこのむらを、科学者は宇宙の膨張におけるきわめて初期に存在した「インフレーション期」に量子ゆらぎによって生じたものだと考えている。ここで、その規模が重要だ。少しでも大きいと、その結果として物質が集中しすぎて多くの恒星が衝突するし、少しでも小さければ、物質が凝集して恒星や惑星になる速さが低下する。どちらに転んでも、私たちが目にしているのとはまったく違う宇宙になるだろう。

三つめの例は中性子と陽子の質量比、1.00137841917(7)である。少しでも小さければ、宇宙に存在するヘリウムの量がはるかに多くなり、恒星は生命が進化する間《ま》もなく燃え尽きてしまう。少しでも大きいと、原子が形成されなくなる——よって物質が、ひいては私たちの知る恒星や惑星、そして生命がまったく存在しなくなる。

四つめの例は、電磁力と重力という二つの基本的な自然の力の強さの比である。恒星の平衡状態は、内側へ引き込もうとする重力と核反応による放射線がそれらを外側へ押し出そうとする力という二つの均衡で維持されている。このバランスは、重い元素が恒星内部で形成されると同時に、恒星が超新星爆発してそうした重い元素を宇宙にばらまくように——それがのちに凝集して恒星や生物を形成できるように——なっていなければならない。電磁力が重力との比で今より少しばかり強かったなら、恒星が形成されなくなる。少しばかり弱かったなら、超新星爆発が起こりにくくなる。絶妙なバランスが重要なのである。

「微調整」され、特定の狭い範囲内に収まっている値があるなら、その値は測定に使われる単位に左右されるはずがない。真空中における光速はどうか？　これはマイルやキロ単位の秒速など、さまざまな単位で測定できる。値はマイル／秒単位では一八六二八二・三九七で、キロ／秒単位なら二九九七九二・四五八、光年単位なら1だ（この最後の値は〝光が一年で進む距離〟という光年の定義に基づく）。それどころか、どのような数をもってきても、それが光速の値になるような長さや時間の単位を定義できる。よって、光速は本質的に微調整されえない。

それに対し、一部の普遍定数や一部の定数間の関係は無次元で、どのような測定単位を選んでも同じ値になる。たとえば同じ単位で測った二つの属性の比がそうだ。陽子と中性子の質量比（1.00137841917）は、質量をグラム、キロ、オンスなどどれで測っても同じで、それはインチとセンチのどちらで測ろうと私の母の身長が父の身長の八〇パーセントなのと同じことである。四つめの例として挙げた電磁力と重力の強さの比も無次元で、なぜなら分母も分子も力であり、同じ単位で測定されるからである。

これと、ある友人の身長と体重が同じという話を比べてみよう。彼は体重が一七〇ポンド、身長は一七〇センチである。だが、測定単位が変わればこの「関係」が変わることはすぐおわかりだろう。身長と体重で測定単位が違うのだから。実際、身長の単位をセンチからインチに変えれば、友人の身長は〝たった〟六七インチになる（体重は一七〇ポンドのまま）。この 170＝170 は「微調整」の結果とは到底言えない。使う単位のせいでそうなっただけである。何らかの意味をもって微調整できるのは無次元の値だけだ。宇宙の何か基本的なことに関する記述は、選んだ特定の単位に依存してはならない。無次元の定数が異なる値をとっていたなら、基本的な物理や宇宙の性質は違っていただろう。

確率てこの法則

微調整の議論の大半に見られる弱点の一つに、定数を一度に一つしか取り上げないことが挙げられる。どれか一つを変え、ほかが変わらないようにすれば、恒星の形成が許されなかったり、生命が進化するだけの長い寿命を恒星がもたなかったりする宇宙は確かにいくらでもできそうだ。しかし、二つ（以上）を一度に変えたらどうなるだろう？　恒星における電磁力と重力の絶妙なバランスの例を思い出そう。これは均衡のために、ひいては惑星や生命が生まれるための要件なのだ。先ほど見たように、この力のどちらかでも変われば、この宇宙は生命に適さないところになる。だが両方を変えるとどうなる？　重力を強めたのに合わせて電磁力を少し強めたとしたら？　適切に行なえば恒星内の均衡は保たれ、もしかするとやはり惑星が形成されて生命が進化するかもしれない。これも微調整ではあるが、力が特異的な値をとる要件が個別に存在する場合より、生命につながる値のペアが見つかる余地がはるかに大きくなる。このモデルをわずかに変えて、一度に複数の定数を変えられるようにするだけで、私たちのと同じような宇宙になる確率が高まるのだ。これは確率てこの法則である。

この議論にはまだ先がある。さまざまな普遍定数に関連があり、ほかも変えないとある定数を変更できないとしたら？　どういうことかを具体的に見ていくため、0～1の値をとる二つの仮想定数を考える。私たちの宇宙ではどちらも0.5で、計算したところ、片方を0.01未満の範囲で変えても、生命が進化できる程度の寿命をもつ恒星や惑星が形成されるが、それ以上変えると恒星が形成されないとしよう。ただし、二つの定数はリンクしており、片方を変えると必然的に（速度を上げると移動時間が短縮されるのとまさに同じように）もう片方も変わるとする。そしてもう一つ、生命が生きていける宇宙ができる条件は、両方ともが0.5（に近い）値をもっているからではなく、互いにとても近い値だからだとする。さて、どうなるか？　片方の値が0.2だったとしても、もう片方が0.2に近い値であることを条件に生命が生きていける宇宙ができるかもしれないわけだが、「リンク」の存在により、片方が現に0.2という値ならもう片方は0.2に近いはずである。このような状況なら、恒星の形成を許す値のペアが見つかる可能性はずいぶん高くなる。

　この最後の例における確率てこの法則の働きはサリー・クラーク裁判の場合と同じだ。あの裁判では、二つの事象（二人の子供のＳＩＤＳ死）に関連がないという前提により、二つとも観測される確率がきわめて低いとされた。だが、二つの事象に従属関係があるという認識によって確率が変わり、実はかなり起こりそうということになった。

　物理学者や宇宙論学者はこうしたアイデアについて調べている。たとえば、ミシガン理論物理学センターのフレッド・Ｃ・アダムズは、重力定数と微細構造定数（訳注　原子スペクトルの微細構造を説明するために導入された無次元の定数）、そして核反応速度を決める定数をいろいろと変えてみた。その結果、この三つの値の考えられるすべての組み合わせの約四分の一が、核融合の持続する恒星――この宇宙にあるのと同じような恒星――の存在につながった。彼はこう言う。「結論として、恒星を有する宇宙は（従来の主張とは異なり）取り立ててまれではない[8]」

人間原理と選択の法則

一部の現代宇宙理論によると、私たちの宇宙は多数存在する宇宙の一つにすぎない（全体は「多宇宙」や「マルチバース」と呼ばれている）。これは限られた一部の研究者がふけっている根拠のない空想などではなく、確固たる理論に基づく論理的な帰結である。多宇宙は量子論と不確定性原理を土台に考え抜いた末に導き出されており、宇宙が時間の経過とともに膨張したとされているその膨張の仕方とつじつまが合っている。難しい数学を要するのでここでは掘り下げないが、この考えから導かれる結論の一つによると、ほかの宇宙では普遍定数が異なっている。

水の凍結を例に考えてみよう。最初、水分子はランダムに飛び回っており、ぶつかりあって向きがどう変わるかはまったく予測がつかない。液体は一様かつ均質で、どこもかしこも同じに見える。それでは、温度を下げて凍らせてみよう。水が凍るとき、ランダムに分布していた分子の位置が固定される。氷の結晶ができ始める。結晶それぞれの内部で水分子は特定の向きに並び、ある決まった方向を指す規則的な格子をなす。だが、近隣の結晶の分子は並び方の違う格子をなしているかもしれない。結晶間で指す方向がまちまちかもしれないのだ。同じことが物理法則についても言える。私たちの宇宙は、普遍定数が「結晶化」して落ち着いた特定の値一式に当たる。だが、多宇宙における近隣の宇宙には違う定数になるように「結晶化」したものがあるかもしれない――普遍定数の値が異なるかもしれないのである。氷の結晶の向き、そして私たちの宇宙における普遍定数の具体的な値は、ランダムなプロセスの結果でしかない。特別なところはないのである。

　特別なところはないが、但し書きがあり、私たちが生きているこの宇宙は私たちが生きていくことのできる宇宙だ。自然界の普遍定数が恒星のできないようなものだったなら、私たちが知っているような生命は存在しなかっただろうし、私たちはこうして星を眺めていなかっただろう。この自明の理は選択の法則の究極の例である。あまりに根源的なので、研究対象に選ばれて名前まで付いている――「人間原理」だ。「物理量や宇宙論に関わるあらゆる量の観測値は等しく確からしいわけではなく、炭素系の生命が進化できる場所が存在するという要件、およびこの宇宙がすでに達成したように先の要件を満たすだけの十分な寿命をもつという要件に制限された値をとっている」[9]

　人間原理の、スケールは小さいが直接的な例として、この地球について考えてみよう。地球が太陽からもっと遠いか近いかしていたら、寒すぎるか暑すぎるかで、生命が進化することはなかった。地球の磁場が、生物圏を通って降ってくる放射線の嵐から私たちを守っていなかったら、植物も動物も生き残っていない。成層圏のオゾンが紫外線に対する保護になっていなかったら、私たちはここにいないか、少なくともかなり違った姿をしていただろう。ここで考えてみてほしいのだが、銀河系には一〇〇〇億個単位の恒星があると、そしてこの宇宙にはさらに多くの数の銀河があると言われている。恒星の多くに惑星があって、それらの多くが地球とはまったく違っているだろう（木星のような巨大なガス惑星だったりするなどして）。中心の恒星から遠いものも近いものもあるだろうし、保護の役目を果たす磁場がないものもあるだろう。ほかにもいろいろありそうだ。そうした惑星上で生命（少なくとも私たちのような生命）は進化しえない。つまり、データを集め、事実に目を向け、「うわぁ、すごい偶然。この惑星の特性は生命が進化するのにぴったりだ」などと口走る誰かはいない。

人間原理は、生命が進化してそれを見ることになる宇宙は生命の進化を許すような特性（すなわち普遍定数の値）をもっていなければならない、と言っているだけで、怪しげなところは特にない。

人間原理には、選択の法則がいかに強力に働きうるかをまざまざと示す帰結がいくつかある。根拠のないメタ物理的臆測ではないのである。私たちの宇宙は約一四〇億歳で、人間原理の言うところによれば宇宙はこれ以上若くはありえない。私たちが炭素系の生命だからだ。炭素はヘリウムから恒星中心部における融合プロセスによって形成される。そのため、人類が存在するためには、第一世代の恒星が形成されて爆発し、炭素やその他の重い元素が宇宙中に飛び散って凝集して、炭素系の生命が進化できるような惑星を形成する、というだけの長い時間が経過しなければならない。そして、計算によると全体として一四〇億年ほどかかるのである。宇宙がそれよりいくらかでも若かったら、私たちが存在してそれを目にすることはなかった。

もちろん、炭素系ではない生命形態があるならそれらにこの議論は当てはまらないが、私たちの宇宙は少なくとも一四〇億歳前後の域にある。選択の法則である。

今説明したバージョンの人間原理は「弱い人間原理」と呼ばれることがある。バージョンはほかにもあって、それらはもっとずっと怪しい。一つは「強い人間原理」で、それによると宇宙は生命が発達できるような性質をもっていなければならない。「参加型人間原理」というのもあり、それによると、「宇宙を出現させるためには観測者が必要である」[10]。もう一つ、「最終人間原理」というのもあり（マーティン・ガードナーは「まったく馬鹿げた人間原理」と呼んだ——頭字語はご自由にお考えあれ[11]）、それによると、「知的な情報処理が宇宙に出現する必要があり、そしてひとたび出現したなら滅びることはない」[12]。ジョン・バロウとフランク・ティプラーがいみじくも言うように、「［最終人間原理］や［強い人間原理］がどちらもきわめて思弁的であることについて、われわれは再び読者に注意を促したい。人疑問の余地なく、どちらも確立された物理原理と見なすべきではない」。そのとおりだ。人間原理のこうした思弁的なバージョンにもそれぞれ居場所はあるようだが、それらの疑わしさが弱いバージョンのもつ力を削ぐようなことがあってはならない。あれは選択の法則の究極の表れなのである。

11章　ありえなさの原理の活かし方

偶然の一致は神が匿名でいるための御業《みわざ》なのです。

――アルベルト・アインシュタインの言葉とされている

尤度《ゆうど》

私たちはありえなさの原理をなす法則を検証し、きわめて起こりそうにない出来事が実際にはありきたりである理由について見てきた。この章では理論の域を出て、この原理が科学、医療、ビジネスなどの分野でいかに用いられているかを見ていく。そうした発想は以前からあり、別の名前で知られている。

ボレルの法則によれば、（十分に）起こりそうにない出来事はとにかく起こらないものと思うべきだ。なのに、そんな出来事が現に起こったところが何度も目撃されてきた――その理由はありえなさの原理が教えてくれる。私たちがそうした物事を目にするのは、何かが必ず起こるはずであること（不可避の法則）、かなり多くの可能性が調べ上げられていること（超大数の法則）、目を向ける先が事後に選ばれていること（選択の法則）といったありえなさの原理のより糸を私たちが考え合わせていないからである。ありえなさの原理に言わせれば、私たちが到底起こりそうにないと見なす出来事が起こるのは、私たちが理解を誤っているからだ。どこを誤ったかがわかれば、起こりそうにないと見なしていた物事も起こりそうなことになる。

この考えの活かし方を探るべく、混乱を招きかねない現実的なあいまいさをすべて取り払った、きわめて単純な状況から出発しよう。私がずた袋を持っており、中に黒いビー玉が一個と白いビー玉が九九万九九九九個入っているとあなたに伝える（大きい袋なのだ）。あなたは中に手を入れ、色を見ずにビー玉を一個取り出す。色は黒だった。

言うまでもなく、そうなる確率はきわめて低い――〝万に一つ〟どころではない。その確率は十分に低くてボレルの法則が当てはまる、とあなたは思うかもしれない。起こるはずがない、と（一〇〇万分の一はボレルの法則が当てはまるほどの低さではないと思うのであれば、一〇億個なり一兆個なりのうち黒が一個しかないと考えてみよう）。だが、ボレルの法則とは裏腹に、あなたが取り出したのは黒いビー玉だった。ならば普通は、ここまで見てきたとおり、黒いビー玉を取り出す確率をもっと高める何かが考慮されていないということだ。袋に入っている黒いビー玉の数を私が偽っているとか。

ここで、袋に入っている黒いビー玉の数が本当に一個だけである確率や、私がうそをついている確率については、何一つ明言されていないことに注意されたい。言及されているのは、袋の中身が私の申告どおりだとあなたが信じた場合に黒いビー玉を取り出す確率と、きわめて低確率の事象が起こったせいであなたの確信に疑問が投げかけられていることだ。科学っぽく言えば、低確率事象が生起したことで仮説に疑問が投げかけられたのである（この例における「仮説」は、袋に入っていた黒いビー玉が本当に一個だけであること）。

著書『ちょっと手ごわい確率パズル』(1)（松浦俊輔訳、青土社）で、ポール・ナーインは第一次湾岸戦争におけるペンタゴンの「パトリオット地対空ミサイルシステムは、イラクがサウジアラビアに向けて発射したスカッドミサイルの『迎撃において八〇パーセントを上回る成功を収めた』」という主張を検討している。ナーインによると、MITの物理学者セオドア・ポストルは、パトリオットによる一四回の迎撃を収めた映像で一三回の失敗と一回の成功らしきものを観て、パトリオットの迎撃率が本当に八〇パーセントなら、成功率一四分の一という結果を目撃する確率はいくらかという疑問を提起した。ナーインが示したとおり計算は単純明快で、値は一億分の一より小さい。これはボレルの法則を持ち出せるほど低い確率と言えそうだ——起こるはずがない。だが、実際に起こったのだから、それならばとありえなさの原理を適用して、八〇パーセントという主張は誇張だと言えるのである。思うに、人はたいてい確率を比べて説明を選ぶものであり、ここでは一億分の一という確率ともっとありそうだが明言されていない確率とを比べて、二つめの説明（迎撃率が本当は八〇パーセントではない）を採るのではないだろうか。

この戦略は7章の金融危機の例でも用いた。私が挙げた例はどれも確率がきわめて低い出来事の発生が絡んでおり、どれもボレルの法則に言わせれば目にするはずのない出来事なのに、実際には起こった。実際に起こったということは、何かほかの説明が考えられそうだ——あのような出来事はもっとありうるという説明が。そこでも触れたが、統計分布の形が少しでも変わると、暴落が格段に起こりそうな——暴落を目にしてしかるべき——状況につながる。やはりこうして確率を比べるのである。

こうしたどの例でも、起こった結果が得られる確率はきわめて低く、よってボレルの法則とありえなさの原理を組み合わせることで状況の理解に誤りか見落としがあったという結論に導かれる。だがどの例でも、代わりの仮説が何かについては明言しなかった。しかし、それがはっきりしていることもある。

ビー玉の入った袋の例に戻ろう。だが、今回私はあなたに（正直に）、私は袋を二つ持っており、片方は黒いビー玉が一個と残りがすべて白のビー玉という一〇〇万個入りで（あるいは一〇億個入りでも一兆個入りでも）、もう一つの袋は入っているビー玉の数は同じでも白が一個で残りはすべて黒だと伝えたとする。あなたは中を見ないで袋に手を入れてビー玉を一個取り出す。色は黒だった。さて、それは黒いビー玉が一個の袋か、あるいは九九万九九九九個の袋か？

二つめの袋のほうが黒を取り出す可能性がはるかに高いので、あなたは二つめのほうだと答えるだろう。今回は異論はないと願いたい。

次はもう少し現実的な例である。

立方体の標準的なサイコロは、向かいあう面に刻印された目を足すと7になるようにできている。そのため、1と向かいあう面は6、2に対しては5、3には4となっている。ところが、私のコレクションには刻印が間違っているサイコロがある。たとえば、1のはずの面が6になっていて、6の面が二つあるのだ。向かいあう面を一度に見ることはできないので、テーブル上のサイコロを見るだけではこのことはわからない。普通のサイコロは6の出る確率が六分の一なのに対し、このイカサマサイコロでは三分の一だ。手練《てれん》に長《た》けたサイコロ詐欺——いわゆる「サマ師」や「ゴト師」——はそうしたサイコロを手のひらに隠し、ゲームの最中に思いのままに入れ替えて勝つ確率をゆがめる。次のシナリオの主役はそうしたイカサマサイコロだ。

サイコロを見せられ、それは公正かもしれないしイカサマかもしれないと言われたとする。与えられたタスクは、実際はどちらなのかを判断することだ。その判断材料として証拠を集めよう。もちろん、サイコロ投げの結果を。

与えられたサイコロを一〇〇回投げ、6が三五回出たとする。公正なサイコロで6がこれだけの回数出る確率は約二三万分の一である。この確率は低く、あなたはほかの説明——それは公正なサイコロではない、など——を探したほうがよさそうなほど低いと思いたくなるかもしれない。

だが待ってほしい。不可避の法則を思い出そう。それによれば、何がしかの結果になるはずだがその一つひとつはきわめて起こりそうにない、という状況がありうる（ゴルフボールが特定の芝の葉の上に落ちる確率はきわめて小さい）。

どの結果も起こりそうにないなら、どんな結果が得られても疑わしいと思うことになる。ということは何の役にも立たなさそうだ。だが回避策はある――二つの説明、すなわちサイコロが公正な場合とイカサマの場合とで、その結果になる（一〇〇回のうち三五回で6が出る）確率を比べるのである。

サイコロが公正なら、先ほど計算したように、一〇〇回のうち6が三五回出る確率は約二二万分の一だ。同じような計算により、サイコロがイカサマだったら（前述のように6の面が二つあったら）、6が三五回出る確率は約一三分の一となる。低い確率ではあるが、二二万分の一ほどの低さではない。このようにサイコロが公正ではなくイカサマの場合に6が三五回出る確率が約一万七〇〇〇倍近く高いなら、サイコロは公正なのかイカサマか、あなたはどちらだと思うだろうか？

観測された結果を得る確率を、提案された説明の片方が真の場合ともう片方が真の場合とで比べることは、統計的手法の背後にある基本原理の一つである。データが得られたら、競合する説明それぞれについてそのデータが得られる確率を計算する。観測されたデータを得る確率が最大となる説明が、私たちが自信をもてる説明となる。統計学者はこのことを「尤《ゆう》度《ど》の法則」などと呼ぶ。観測されたデータを得ることが最もありそうな説明を選ぶのである。

もう一つ例を挙げよう。こちらでは、尤度の法則が剽窃《ひょうせつ》者を捕まえるのに使われている。

剽窃の検出はものによってはたやすい。学生Aの小論が学生Bのものと一字一句同じだった場合は、(i)何らかのコピーが行なわれた（どちらかがどちらかをコピーしたか、二人とも同じ第三の情報源からコピーした）、そして(ii)偶然まったく同じ答えを書いた、という二つの可能な説明に尤度の法則を適用する。この場合はあっさり説明(i)が選ばれよう。だがもっと難しいケースもある。数表という例を考えてみよう（対数表や平方根表、普遍定数の値の表など）。数表の計算はどこの出版社がやっても値が同じになるはず（2の平方根は誰が計算しても同じになるはず）なので、どこかの出版社がわざわざ値をあらためて計算したりせずに他社の数表を単純にコピーした、と主張するのは難しい。

ただし、ある出版社が表にまれな間違いを時たまわざと紛れ込ませている場合は話が違ってくる。いくつかの値をほんの少しだけ変えて、それに基づく計算には実質的に影響が及ばないようにしておくのである。この場合、他社の表にそうした間違いがそっくり出てきたなら、ありえなさの原理の出番かもしれない。他社が同じ間違いを偶然することはきわめて考えにくく、よって誤りが一致する可能性のもっと高いほかの説明を探すことになる。その一つは、問題の他社が実は自前で値をあらためて計算しておらず、表を単にコピーしたというものだ。この説明の場合、ある出版社と同じ間違いをする確率は1となる。尤度の法則により、コピーが行なわれたという説明が強固に支持されることになる（ひいては、のちに訴訟に持ち込んで高額の損害賠償を請求できる）。

剽窃を防ぐためのこの戦略は、一九六四年版の『チェンバーズ簡易六桁数表』で採用されたほか、別の似たような状況で今も用いられており、架空のエントリーがわざと作られているものとしては地図（想像上の町を加える）、辞書（造語を載せる）、電話帳（ニセの番号を載せる）、楽譜（余計な音符を加える）などがある。

何かが起こる確率を、ある説明が正しい場合と別の説明が正しい場合とで比べることにより、驚くべき帰結がもたらされることがある。シェイクスピアの熱烈なファンは、かの劇作家が頭韻を好んでいたことをよくご存じだろう。頭韻は語頭で同じ子音を繰り返す文学的技巧で、たとえば『ロミオとジュリエット』には、“Her traces, of the smallest spider's web”（マキューシオ：第一幕第四場）、“a rose by any other name would smell as sweet”（ジュリエット：第二幕第二場）、“Life and those lips have long been separated”（キャピュレット：第四幕第五場）、“The sun, for sorrow, will not show his head”（大公、第五幕第三場）などがある。だが、シェイクスピアの著作は多い。頭韻がシェイクスピアの一四行詩《ソネット》にしばしば出現するのはたまたま、という可能性はあるだろうか？

ソネットにおける頭韻の出現には考えられる説明が二つある。一つは単なる偶然、もう一つは意図的な工夫だ。2章にも登場した行動心理学者のB・F・スキナーが、先ほど紹介した考え方を用いてこの二つの説明を検討した[2]。彼の狙いは、現れた頭韻がまったくの偶然で起こる確率が十分に低ければ、偶然は可能性の低い説明となる――そして、確率の高いほうである〝意図的に頭韻を踏んだ〟という説明が採られることになる。

スキナーはソネットの各行に同じ音が出現する回数を数えた。すると実際の回数は、意図的な頭韻がない場合に偶然で予期される回数とよく一致した。シェイクスピアは意図的に頭韻を踏んだのかもしれないが、偶然という説明がデータとよく一致する、と彼は結論付けた。スキナーいわく、「シェイクスピアは言葉を無作為に選んでいたのかもしれない」(3)

ベイズ主義

架空の探偵シャーロック・ホームズは『四つの署名』(大久保康雄訳、ハヤカワ・ミステリ文庫など)で、「ありえない物事を排除したなら、残った何かが、それがどんなにありそうになくても真実だ」(4)と言っている。これは優れた姿勢だが、実世界で何かがありえないと判断するのはかなり難しい(不可能だと言いたいところをこらえている)。論理的に不可能(前に触れた純粋数学の世界ではありえる)でもない限り、ごくわずかな可能性が何かしら必ずある。データの収集中にやらかしたミスのせいでデータに偏りがあるのかもしれず、そうならば物事は不可能に見えているだけだ。証拠は理論と矛盾しているが、証拠そのものがおかしいかもしれないわけである。そもそも、科学においてデータがあいまいなところなく理論と矛盾することは比較的まれだ。なんと言っても、境界にぶち当たることは科学が進歩しているからこそであり、そうした境界領域では測定が難しく、不確実性が大きい。たいてい、確率の言葉で議論するのが精一杯となる。

よって、シャーロック・ホームズの引用のもっと現実的な（だがあれより耳に心地よくはない）バージョンは次のようになる。「よりありそうにない物事を排除したなら、残ったのが何であれ、それが真実という可能性が高い」。説明の確率を比べるのだ。説明それぞれが真である場合に観測された結果が得られる（尤度の法則の場合のような）確率をではなく、説明そのものの確率を。

この考え方は2章でも紹介した。デイヴィッド・ヒュームの「いかなる証言も、それをもって確定させんとしている事実よりもその証言が虚偽であることのほうが奇跡的である、という類いのものでない限り、奇跡であることを確定させるに十分ではない」(5)がそれだ。ヒュームは、奇跡が起こったという確率と何かほかの説明の確率とを系統立てて比べ、説明が二つある場合は確率の高いほうが採られると指摘しているのである。

結構な話だが、あなたは次のようなまっとうな異議を唱えるかもしれない。いったい「説明」がどうやって確率をもちうるというのか？　真か偽しかないのでは？　あの男が奇跡を目撃したか、していないならほかの説明があるはずだ（うそをついているとか）。

3章で紹介した確率の「確信の度合い」としての解釈を思い出していただきたい。この解釈では確率を確信の度合いの数値的尺度として扱っている。この解釈で「説明の確率」を語ることには何の問題もない。ある説明に高い確率を割り当てることは、単にそれが正しいと確信しているという意味である。

実世界の客観的性質ではなく〝頭で考える確信の度合いとしての確率〟という考え方に基

づいて説明を比べて選ぶことは、ベイズ主義的アプローチと呼ばれている。(6)

だがそれは有意か？

尤度の法則では、二つの競合する説明の片方が真である場合に、ある観測結果が得られる確率と、もう片方が真である場合に同じ観測結果が得られる確率とを比べる。これにより、その観測結果をもたらす確率が高いほうの――本書風に言えば〝ありえなさ〟加減が小さいほうの――説明が採用されることになる。このほかに、間違った選択をする確率の管理に基づく戦略がある。

最初の例として、実際は公正なサイコロをイカサマだと判断するのをなんとか避けようとしているとしよう（誰かを間違ってイカサマだと追及した日にはいろいろと面倒を背負い込みそうだ）。ここで、一〇〇〇分の一という確率は望む予防レベルを達成できるほど十分に低いとする。つまり、この実験を何度も繰り返したときに公正なサイコロをイカサマだと結論付けることを、わずか一〇〇〇回に一回に抑えるのである。

計算によると、公正なサイコロを一〇〇回投げて6の目が三〇回以上出る確率は一〇〇〇分の一より小さい（正確には一四七八分の一、0.00068である）。よって、サイコロが公正ならば、一〇〇回投げて6が三〇回以上出たときに限ってそれをイカサマだとすると、結論を間違う確率は一〇〇〇分の一を下回る。これで公正なサイコロをイカサマだと誤る確率を制限できた。

イカサマではないサイコロをイカサマだと見誤らないようにする予防レベルをさらに強化したい場合には、もっと低い確率を選ぶという手がある——一〇〇〇万分の一とか。これほど低い確率は、ボレルの法則を持ち出せるほど十分に低いと見なせそうだ。ここまで確率の低い結果は実際には目にしそうにない。公正なサイコロを一〇〇回投げて6の目が三九回以上出る確率は約一〇〇〇万分の一である（正確には一一六九万九八二四分の一）。よって、サイコロを一〇〇回投げて6の目が三九回以上出たなら、公正だという仮定が誤りであると結論できる——詳しく言えば、この結果になる確率はあまりに低くてサイコロが公正なら起こるはずがなく、よってそのサイコロはイカサマであると、合理的に結論付けられそうだ。

この例では、サイコロが公正な場合に特定の結果（一〇〇回投げて6が三〇回以上）が得られる確率を考えた。サイコロがイカサマだった場合に同じ結果が得られる確率についても考えることができる。サイコロが公正なら6の目が出る確率は六分の一しかないのに対し、イカサマなら三分の一ある。よってサイコロがイカサマなら公正だった場合より6の目がもっと多く出そうだ。公正なサイコロを一〇〇回投げて6の目が三〇回以上出る確率が先ほど計算したとおり0.00068なのに対し、イカサマサイコロの場合に同じ回数だけ6の目が出る確率は0.79073となる。この結果はサイコロが公正かイカサマかを判断するルールをもたらし、私たちはそれを用いて誤る確率を管理できる。具体的には、一〇〇回投げて6の目が三

○回以上出たらイカサマと判断し、そうでなければ公正とする。公正だった場合に誤ってイカサマだと判断する確率は0.00068で、イカサマだった場合に誤って公正だと判断する確率は1−0.79073だ（約0.2）。公正であれイカサマであれ、誤る確率を低くでき、とりわけ本当は公正な場合に誤る確率を特に低くできている。まさに望んだとおりだ。

　ある仮説（サイコロが公正である、など）を検証するための実験の結果（一〇〇回投げて6の目が三〇回以上、など）が「統計的に有意」と言われるのは、その結果が偶然に得られたという仮説が真の場合にその結果が得られる確率が低い場合である。確率が低いほど、この仮説への疑いは大きくなる。きわめて低ければ、ボレルの法則に基づいて却下できる。「確率が低い」というのが具体的にどれくらい低いことを指すのかは、状況によって異なる。多くの分野――医療や心理学など――で0.05（二〇分の一）か0.01（一〇〇分の一）とされている。ありえなさの原理の観点からするとたいして低くない。だが、もっとずっと低い確率が採用されている分野もある。高エネルギー物理学では、（特定のエネルギーや質量をもった素粒子の飛散といった観測事象に基づいて）新しい素粒子を探す場合の低い確率とはたった0.0000003のことだ。また、6章で見たように、金融においてこうした低い確率は「nシグマ」事象と表現される。同じ表現は素粒子物理学でも使われており、たとえばヒッグスボソンを探している物理学者は得られた結果の一部を5σ《ファイブシグマ》事象などと表現している。

　このように、統計的な有意さは一つの確率である――ある仮説が正しい場合に実データと極端さが同じか上回るデータが得られる確率だ。これは、得られた結果はその仮説が真の場合に予期される結果だったのかどうかの指標となる――あるいは、ありえなさの原理を持ち出してほかの説明を探すべきかどうかの目安となる。

統計的な有意性は現実的な重要性とイコールではない。それすなわち重大ではないのだ。治験の場合、ある説に大きな疑問を投げかけたとしても、それすなわち重大ではないのだ。治験の場合、二種類の薬の効き目に見られるわずかな差異が統計的にはっきり有意と出ることがある。その効き目は本物だと大いに確信できるわけだ。だが、その具体的な差異がとても小さくて臨床的には意味がなく、誰も顧みないかもしれないのである。

それなら問題にはならないのだが、ありえなさの原理が絡む別の要因によって問題が生じることがある。超大数の法則を思い出そう。何かが起こりうる機会の数が十分にあるなら、それはほぼ確実に起こる。

サイコロの例では、サイコロが公正かイカサマかを確かめるための検証を一つだけ行なった。だが、多数行なった場合はどうなるだろう？　このことを追求すべく、二つの治験からスタートしよう。話を簡単にするため、各治験は独立だとする。つまり、片方の結果はもう片方の結果について何も語らない。片方では、ぜんそくの新しい薬が従来の標準的な薬より効き目があるかどうかを調べ、もう片方では鬱の新しい薬がほかの薬より効き目があるかどうかを調べる。ここで、新しいぜんそくの薬が標準的な薬より優れていると誤って結論付ける確率を二〇分の一に制限するとしよう――つまり、このぜんそく治験では、実際はそうではないのに新しい薬のほうが効き目があると結論付ける確率がわずか 0.05 になるように物事を調整する。鬱の薬についても同じ考え方を採用し、実際はそうではないのに新しい薬のほうが効き目があると結論付ける確率がわずか0.05になるように制限する。よってどちらも九五パーセントの割合で（1−0.05＝0.95なので）、新しい薬が実際に何の改善ももたらさない場合に何の改善ももたらさないと正しく結論付けることになる。

だが、ここでは片方はぜんそく、もう片方は鬱を対象とする二つの別個の治験を行なっている。3章で紹介した考え方を用いると、新しい薬と従来の薬とで効き目に違いがないと両方の治験が正しく結論付ける確率は、どちらかだけの場合より低くなる。値は0.95×0.95という個別の確率を乗じたものとなり、計算すると0.9025だ。これは、どちらの新しい薬も既存の薬より効き目があるとは言えないと正しく判断する確率である。

これはどちらの薬も何の改善ももたらさなかった場合に両方の治験で正しい結論が導かれる確率なので、少なくとも片方が間違っている確率は1引くこの確率となる。計算すると1−0.9025＝0.0975で、ほぼ0.1だ。つまり、新しい薬の少なくともどちらかが従来より優れていると誤って結論付ける確率は、どちらか片方だけが誤った結論に達する確率の倍近くになるのである。

治験が二つになるとこういうことが起こる。だが製薬会社は効き目のある薬を探して治験を多数行なっている。そこで、一〇〇〇種類の薬に対する治験でどうなるかを見てみよう。ここでもすべての治験が独立だとする。つまり、どの治験の結果もほかの治験の結果に影響を与えない。また、先ほどと同じく、実際はそうではないのに誤って各薬に効き目があると結論付ける確率を0.05に制限しよう。すると、二つの薬の場合とまったく同じく、一〇〇〇種類の新しい薬のすべてにおいて実際にはまったく効き目がない場合にまったく効き目がないと正しく結論付ける確率は、個別の確率を乗じたもの、すなわち0.95×0.95×…と一〇〇〇回掛けた値で、計算すると$0.95^{1000}=5.29\times10^{-23}$、あるいは$2\times10^{22}$分の一となる。これは非常に低い確率だ。

新しい薬のどれにも実際にはまったく効き目がない場合にまったく効き目がないと正しく結論付ける確率が非常に低いので、裏を返せば、現実とは裏腹に一つまたは複数の薬が効き目があると誤って結論付ける可能性が圧倒的に高い（確率は$1-5.29\times10^{-23}$）ことになる。

これで、5章で考えたスキャン統計やどこでも効果などに付いて回る難しさが見えてくる。疾病クラスターの可能性がある多数の場所など、きわめて多数の可能性（一〇〇〇をゆうに上回る）を検証するなかで出てくる問題のことだ。きわめて多数を検証しているなら、局地的に高いリスクが実際にはどこにも存在していない場合でさえ、検証の少なくとも一つが統計的に有意な結果を示す可能性が非常に高い。つまり、超大数の法則により事実上確実なこととして、《ハフィントンポスト》の記事に挙げられていた疾病クラスターのなかには、背後に何の要因もなしにまったくの偶然で現れたものが存在するのである。

この問題は避けて通れない。ありえなさの原理のより糸から導かれる帰結だからだ。しかし軽減はできそうだ。一つの方法は、それぞれが誤った結論に至る確率をもっとずっと小さく設定することである。先ほどの治験の例でなら、確率として一万分の一、すなわち0.0001

を（0.05の代わりに）選び、現実とは裏腹に新しい薬のほうが優れていると言ってしまわないようにできるだけのことをするという手がある。二種類の薬のケースでこのようにすると、少なくとも片方が標準的な薬より優れていると誤って結論付ける確率は約0.0002となる。0.0001の倍ほどにはなるが、きわめて起こりそうになく、まずは一安心だ。しかし薬が一〇〇〇種類の場合、少なくとも一つを標準的な薬より優れていると誤って結論付ける確率は約0.095となる。すごい値ではないが、一〇分の一弱というのは少なくともどれかについて誤るのがほぼ確実という状況に比べるとずいぶんな改善ではある。

この問題を軽減するもう一つの方法として、問いを変えるという手がある。ここまでは、少なくとも一種類の薬が標準的な薬より効き目があると、実際には一つとしてなかったのにそう結論付ける確率について問うてきた。それに代わって、標準的な薬より優れていると結論付けたすべての薬のうち実際に優れている割合はどれくらいか？　と問うのである。この割合を十分に制限できれば大いに役立つはずだ。

統計家はこの手の問題をよく承知しており、「多重検定の問題」や「多重性の問題」などとして知られている。これは今流行《はや》りの研究テーマで、バイオインフォマティクス（場合によっては万単位の遺伝子を同時にテストして各種条件による影響を調べる）や素粒子物理学（5章で紹介したように、研究者はスペクトルの範囲内に膨大な数だけ存在する値のどれかに現象を探す）など、数多くの分野できわめて重要である。これに絡む大きな確率値は超大数の法則の帰結として現れる。個々の事象の起こる確率がきわめて小さくても、それが十分たくさん集まれば、少なくともどれかが起こる可能性が途方もなく高まるのである。

ここまで、確率を比べることで説明を評価して取捨選択するやり方を見てきた。何かが十分に起こりそうにないと見えたとしても、そう見えたことを疑う根拠が存在することをもって、ほかの説明を探す。これが統計的な推論の基本である。

結び

偶然にはそれなりの理由がある。

――ペトロニウス
(訳注 古代ローマの文人、皇帝ネロの側近だった)

アインシュタインの有名な$E=mc^2$とは違い、ありえなさの原理は一本の数式ではなくより糸の集まりであり、より合わさってなわれて互いに強めあって事象や出来事や結果を結ぶロープとなる。主たるより糸は不可避の法則、超大数の法則、選択の法則、確率てこの法則、そして近いは同じの法則だ。このどれかだけでも一見きわめて起こりそうにない何か――ロトの複数回当選、金融危機、予知夢など――を起こすには十分だ。だが、これらが相まってこそ真の力が発揮される。

「不可避の法則」によると、何かが必ず起こる。可能なすべての結果の一覧をまとめられるなら、そのうちのどれかが必ず起こる。この法則は自明すぎて私たちは意識しないことが多い――吸っている空気に普段は意識がいかないように。可能な結果それぞれの起こる確率がきわめて小さくても、そのうちのどれかは必ず起こる。この法則はきわめてありそうにない物事を確実にする。

「超大数の法則」によれば、機会の数が十分にたくさんあれば、どれほどとっぴな物事も起こっておかしくなくなる。何個かのサイコロを投げ続けていれば、いつか全部が6という結果が出る。一回一回だけを見ると全部が6というのはなんとも起こりそうにない結果かもしれないが、機会の数が十分に多くなればほとんど避けがたいことになる。

「選択の法則」に言わせると、事象が起こったあとに選べば確率は好きなだけ高くできる。私のお気に入りの例は矢が刺さってから的を描く話だ。この話における選択の効果は一目瞭然で、あのような結果になることを確実にしている。だが、選択プロセスが働いていることは往々にしてわかりにくい。たとえばテストでいい点を取った学生を選ぼうとすることが、次のテストで点が下がる可能性の最も高い学生を選ぶことでもあるとは気づかないかもしれないのである。

「確率てこの法則」によると、状況のわずかな変化が確率に大きな影響を及ぼしうる。私たちは自分たちが暮らしているあたりの地面は平らだと思っているが、決まった方向へ十分に長いこと進み続けてみるとゆくゆくは出発点に戻ってくる。五感では感知できないほどごくわずかな地表の曲がりが大きな違いをもたらすのである。同じ理屈でこの法則は確率をゆがめ、その度合いは途方もなく大きくなりうる。

「近いは同じの法則」によれば、十分に似ている事象は同一と見なされる。小数点以下無限大の精度でまったく同じ測定値は二つとないが、現実問題として測定値はたいてい十分に近く、私たちは同じと見なす。あるレースがデッドヒートになる確率は、ストップウォッチの精度に左右される。

ありえなさの原理のこうした法則を考え合わせれば、次のような「尋常ではない」出来事にもほとんど驚かなくなる。

・二〇〇七年七月、イギリスのハンプシャー州ヘイリング島のボブ・グールドが、はしごから落ちて脚の骨を折った。いかにも痛そうな話だが、これだけなら驚きはない。だが同じ時間に息子のオリヴァーが壁を飛び越えようとしてやはり脚の骨を折った。どちらのけがでも折れたのは左脚だった。グールド氏はこの件を次のように総括した。「私たちは鈍《どん》くさいんです(1)」

・アメリカのイリノイ州フリーポートのメアリー・ウォールフォードは、娘の誕生日を苦もなく覚えていられるに違いない。上から四人の娘がそろって違う年の八月三日生まれなのだ。コニーは一九四九年、サンドラは一九五一年、アンは一九五二年、そしてスーザンは一九五四年の生まれである(2)。

・休暇の旅行を計画しているなら、イギリスはダッドリー在住のジェイソンとジェニーのケアンズ＝ローレンス夫妻がどこに行くつもりかをチェックすると――そして同じ場所は避けると――よさそうだ。夫妻が二〇〇一年九月一一日にニューヨークにいたときには、テロリストが飛行機で世界貿易センタービルに突っ込んだ。二〇〇五年七月七日にロンドンにいたときには、テロリストが地下鉄の同時爆破事件を起こした。二〇〇八年一一月にムンバイにいたときには、テロリストが同時多発テロを仕掛けた。(3)

●弁護士のジョン・ウッズはケアンズ＝ローレンス夫妻と話が合うかもしれない。一九八八年一二月二一日、彼は職場のパーティーに出るよう勧められてパンアメリカン航空一〇三便をキャンセルした。これこそスコットランドの町、ロッカビー上空で爆発した便だった。一九九三年二月二六日、世界貿易センタービルの三九階にあった自分のオフィスにいたとき、地下で自動車爆弾が爆発した。二〇〇一年九月一一日、彼は旅客機が突っ込む直前にオフィスを出ていた。(4)

●二〇一〇年、自分のコンピューターでスクラブルをしていた南アフリカのアーティスト、レイン・カロシンは、手持ちの文字が自分の名字になっていることに気がついた。(5)

●スウェーデンのモラ在住のレナ・ファルソンが一九九六年に結婚指輪をなくした。その一六年後、庭でニンジンを引き抜いたところ、そのニンジンがダイヤの埋め込まれた彼女の白金の指輪をはめていた[6]。

どれ一つとっても驚きではない。ありえなさの原理の表れなのである。

付録A　気が遠くなるほど大きい、想像を絶するほど小さい

本書の中心にある概念はきわめて低い確率、ごくわずかな可能性である。さて、確率の一つの捉え方はある出来事の予期される頻度を考えることだ。たとえば、標準的な六面のサイコロを投げて5の目が出る確率は六分の一、すなわち六回に一回で、公正なコインで表の出る確率は二分の一、すなわち二回に一回である。同様に、ある出来事の確率が一〇〇万分の一というのは、それが起こる可能性が一〇〇万回に一回、きわめて多数の機会のうちわずか一回ということだ。そのため、きわめて低い確率を記述するにはずいぶん大きな数を記述する方法が要《い》る。ずいぶん大きいどころか、気が遠くなるほど大きな数を記述しなければならないこともある。

幸い、世の中には途方もない量を扱うための標準的な表記がある——すでにご存じかもしれないが、次のようなものだ。

数xがn回掛け合わされることをx^nと書く。

よって、たとえば2を三回掛け合わせると$2 \times 2 \times 2$となるが、これを2^3と書ける（値はもちろん8）。同じように、2を二〇回掛け合わせると$2 \times 2 \times 2 \cdots \times 2$と二〇回書き連ねることになるが、それを$2^{20}$と書ける。こちらは、少しばかり電卓の力を借りて計算すると$2^{20} = 1048576$という、一〇〇万を少し上回る数だとわかる。

この考え方はそのままほかの数にも応用できる。よって、

$$100 = 10 \times 10 = 10^2$$

$$1000000 = 10 \times 10 \times 10 \times 10 \times 10 \times 10 = 10^6$$

1のうしろにゼロが一〇〇個続く数は10^{100}

となる。

この最後の例はきわめて大きな数を表すずいぶんコンパクトな表記だ。なにしろ、書き出せば次のようになる。

10000000000000000000000000000000000000000000000000000000000000000000000000000000
000000000000000000000

1のうしろにゼロが一〇〇個というこの数は、英語ではgoogol《グーゴル》と言う。この呼び名は、

二〇世紀前半にコロンビア大学で教鞭を執っていた数学者エドワード・カスナーがきわめて大きいが有限である数の名前を必要としていたときに、当時九歳だった甥のミルトン・シロッタが考え出した造語である。(1)

付録B 確率のルール

二つの事象の「連言《れんげん》（論理積）」とは、両方が起こるという結合事象のことである。「私が次にサイコロを投げたら6の目が出る」と「そのあとまた投げたら6の目が出る」の連言は「私が次にサイコロを二回投げたら両方で6の目が出る」だ。

二つの事象の「選言《せんげん》（論理和）」とは、一方またはもう一方または両方が起こることである。「私が次にサイコロを投げたら6の目が出る」と「そのあとまた投げたら6の目が出る」の選言は「私が次にサイコロを二回投げたら少なくともどちらかで6の目が出る」、あるいは「私が次にサイコロを二回投げたら一方かもう一方か両方で6の目が出る」と表現できる。

二つの事象それぞれに生起確率が存在するならば、二つの事象の連言や選言も事象なので、やはりそれぞれ生起確率が存在する。この例で言えば、私が次にサイコロを二回投げたら二回とも6が出る確率と、少なくともどちらかで6が出る確率がそうだ。

ある事象の逆を「補」事象と言う。私がサイコロを投げて6が出なかったら、事象「6の否定」が起こったと言える。ある事象が起こったなら、その補事象は起こっておらず、逆も真なりである。何かが真ならその補は偽だ。

さて、手元に理想的なサイコロがあり、どの面が出る確率も1/6だとする。その場合、偶数が出る確率は2か4か6が出る確率となる。これは事象2、4、6の選言にほかならない。この選言の確率は、個々の確率の和、すなわち2の出る確率と4の出る確率と6の出る確率の合計だ。これが確率の「加法定理」である。この定理からは、4以下の出る確率は1、2、3、4のどれかが出る確率の和であることもわかる。その確率は1/6を四つ足した値、すなわち4/6、あるいは約して2/3だ。ほかの場合についても同様である。

だが、話が少々ややこしくなることがある。二つの事象「このサイコロで偶数の目が出る」と「このサイコロで4以下の目が出る」の選言の確率が知りたいとしたら？　つまり、私たちが知りたいのは、このサイコロで偶数が出る、*または*4以下の目が出る、*または*両方の事象が起こる確率である。第一感としては、二つの事象「このサイコロで偶数の目が出る」と「このサイコロで4以下の目が出る」の確率を足し合わせればよさそうに思える。

だが、そうしたなら問題にぶつかる。偶数の出る確率は1/2、4以下の出る確率は2/3だ。この二つの和は1/2＋2/3、すなわち1＋1/6で、1より大きくなる。そしてご存じのとおり、確率は1より大きくなりえない。

ここでの問題は、一部の結果を二度数えていることにある。2か4が出た場合、そのことは「このサイコロで偶数の目が出る」確率にも「このサイコロで4以下の目が出る」の確率にも含まれている。二つの確率を単純に足すと、2か4の出る確率を重複して数えることになるのである。

これを正すには、重複して数えている分の片方を引かなければならない。2か4の出る確率は1/3なので、この値を合計から引く必要がある。つまり、1/2＋2/3−1/3ということで、答えは5/6となる。

この例の場合、答えの見つけ方はほかにもある。偶数の出る確率または4以下の出る確率（または両方になる確率）は、1、2、3、4、6のどれかが出る確率である。これはつまり六つの等しい確率のうちの五つだ。ということで、先ほどと同じ5/6となる。

一般に、二つの事象の選言の確率を計算する場合は、何か共通することがないかを確かめる必要がある。あったなら、その共通部分の確率を重複して数えないようにするため、重複して数えたうちの片方を引く必要がある。

事象にはたいてい共通部分はない。そのため選言の計算は簡単になる。共通部分の確率はゼロで、何も引く必要がないからだ。たとえば、事象「このサイコロで2以下の目が出る」と「このサイコロで5以上の目が出る」の選言の確率はいくらか？　言い換えると、このサイコロで「2以下」か、「5以上」か、「2以下」と「5以上」の両方が出る確率はいくらか？　言うまでもなく、「2以下」と「5以上」の両方が出る確率はゼロだ。サイコロで「2以下」かつ「5以上」の目が同時に出ることはありえない。よって、「このサイコロで2以下の目が出る」確率と「このサイコロで5以上の目が出る」確率を単純に足し合わせればいことになる。

事象に共通部分がない場合、それらは「排反」ないし「共存不可能」だと言う。二つの事象が排反なら、その選言の確率はゼロだ。同時には起こりえない。

これで、加法定理のフルバージョンを紹介する用意が整った。二つの事象の選言の確率は、それぞれの個別の確率の和から両方とも起こる確率を引いたものである。両方とも起こる確率とは、事象の連言の確率のことである。

事象の結合生起は偶然の一致の核心なので、連言について詳しく見ていこう。次は先ほどの例と少しだけ違う例を挙げる。二つの事象「このサイコロで偶数の目が出る」と「このサイコロで3以下の目が出る」の連言の確率はいくらか？ まず、偶数の出る確率は1/2だ（六つの目のうち偶数は2、4、6の三つ）。次に、この三つのうちの1/3（2の目）が3以下である。よって、「このサイコロで偶数の目が出る」かつ「このサイコロで3以下の目が出る」全体の確率は、1/2のそのまた1/3、すなわち1/6である。この答えが正しいことは簡単に確認できる。答えは一足飛びに出るのだから。「このサイコロで偶数の目が出る」という条件と「このサイコロで3以下の目が出る」という条件を満たすのは、六つある目のうち一つだけ、すなわち2の目だけだ。六つのうちの一つは1/6である。

この例では「条件付き確率」を用いている。条件付き確率は難しい概念ではなく、ある事象が起こったとわかっている場合に何かほかの事象が起こる確率のことだ。先ほどの例では、偶数の目のうち（あるいは、偶数の目が出たとして）1/3で3以下の目が出る。このことを、偶数の目が出るという条件のもとで1/3で3以下が出る、などと表現する。

より一般的に言うと、二つの事象の連言の確率は、一方の確率に、その一方が起こったとした場合の、あるいは「その一方が起こったという条件のもとで」の、もう一方の確率を掛けたものになる。

何かほかのことが起こったとわかっているからといって、事象の確率は必ずしも変わらない。確率は時としてほかの事象が起こったかどうかに関係なく同じだ。サイコロで4以下の目が出る確率は2/3である。そして、偶数の目が出るとわかっているとしてこのサイコロで4以下が出る確率は、やはり2/3だ。

ある事象の確率がほかの事象が起こったかどうかに関係なく同じである場合、その二つの事象は「独立」だと言う。このとき、両方の事象が起こる確率、すなわち二つの事象の連言の確率は、事象それぞれの確率を単純に掛け合わせたものになる。「このサイコロで偶数が出る」確率はちょうど1/2であり、「このサイコロで4以下が出る」確率は、目が偶数に制限されようとされまいと、2/3のままである。そして、両方の事象が起こる「結合」確率は1/2×2/3、すなわち1/3だ。

ある事象の確率がほかの事象が起こるかどうかに左右される場合、その二つは独立ではない――「従属」だと言われる。二つの事象「このサイコロで偶数の目が出る」と「このサイコロで3以下の目が出る」の例に戻ると、この二つの事象それぞれの確率を単純に掛け算するとどうなるだろうか？　1/2×1/2＝1/4となる。だが、すでに見たように、この二つの事象の連言、すなわち両方ともが起こるのは、2の目が出た場合だけだ。この目の出る確率は1/6しかない。つまり、両方の事象が起こる確率は実は1/6であって1/4ではない。

どこを間違えたかというと、この二つの事象は独立ではない。この例で、偶数が出たとして3以下が出る確率は1/3しかないのに対し、偶数が出なかったとして3以下が出る確率は2/3ある。このように、このサイコロで3以下の目が出る確率は、このサイコロで偶数の目が出たかどうかに関係ないとは言えない。

この例が示しているのが確率の「乗法定理」だ。二つの事象が両方起こる（二つの事象の連言の）確率は、一方の確率に、その一方が起こったとわかっている場合のもう一方の確率を乗じたものである。そして、二つの事象が独立の場合、一方が起こるかどうかはもう一方の確率に影響を与えず、よって二つの事象の確率の単純な掛け算となる。

訳者あとがき

「ありえなくはないわ。ただ、起こる確率がすごくすごく低いっていうだけ」
「ありえない」
　　――ダグラス・アダムス著『銀河ヒッチハイク・ガイド』より
　　　（安原和見訳、河出文庫など、右記は安原訳を引用）

　イギリスで報道されたところによると、二〇〇七～二〇〇八年にかけて、ボスニア北部に暮らすある男性の家を隕石が六個直撃した。それらが本物の隕石だったことは科学的に確かめられており、当人は異星人が自分を狙っていると主張した。一連の落下を調査した科学者らは、統計的にきわめてありそうにないこの頻度を説明すべく、家の周りの磁場を調べてみたというが、あれから何かわかっただろうか。
　ところで、この〝きわめてありそうにない〟という点に注目したい。どの報道も〝絶対にありえない〟出来事だとは書いていなかった。にしても、確率は途方もなく低そうである。

だが、きっと本書の著者であるデイヴィッド・J・ハンド先生なら、こういうことは起こってしかるべきだと言うだろう。そして、「ありえなさの原理」で説明がつくと。

ハンド先生はインペリアル・カレッジ・ロンドンの数学科の名誉教授で上席研究員である。イギリスの王立統計学会の会長を二度、合わせて三年務めたほか、アルゴリズム取引ヘッジファンド、ウィントン・キャピタル・マネジメント社で首席科学アドバイザーを務めている。正真正銘の確率・統計のプロだ。そんな先生が途方もなく起こりそうにない出来事はなぜ起こるのか、それもなぜ次々と起こるものなのかをほぼ数式なしで（あったとしても簡単な四則演算で）解き明かすのが本書である。

言われてみれば、世間ではなんとも起こりそうにないことが次々と起こっている。統計的に言って事実上起こらないとされていた金融市場の暴落が近年だけで何度も起こっているし、訳者などはかすりもしたこともない宝くじの一等に複数回当たった人が何人もいる。本書は全篇こうしたものすごい偶然が満載で、それだけ拾って読んでも楽しい。

人間は物事に因果関係やパターンや理由を求めたがる。本能的に単なる偶然ではなかなか片付けられない生き物なのだ。よって説明を考える。そのうち科学的な裏付けなしに生まれたのが、迷信や予言、神々と奇跡、超心理学に超常現象、シンクロニシティーやホットハンドといった説明なのであり、ありえなさの原理を持ち出せばこうした説明は要らなくなる、と先生は言う。

ありえなさの原理は、不可避の法則、超大数の法則、選択の法則、確率てこの法則、近いは同じの法則という五つの法則からなっている。詳しくは本書をお読みいただくとして、宝くじの複数回当選、株式予想詐欺、海軍機の事故、感染症の流行予測、〝聖書の暗号〟、シェイクスピアの頭韻、ゴルフのホールインワン、タコのパウル、瓶売りのクルミ、ストックオプションの付与日、スピード違反取り締まりカメラの効果、株価の大暴落、カジノでの大儲け、数秘術、生物の進化、この宇宙における人類の存在、といった幅広い物事の共通点として確率に関する一つの原理が存在するというのも驚きである。

私たちが偶然の一致に驚いたり確率・統計を見誤ったりするのは、ありえなさの原理を考え合わせていないからだ。本書で挙げられている例を一つ簡単に紹介しよう（詳しくは5章で）。ブルガリア国営ロトで当選番号が二回連続して同じということがあった。メディアが大騒ぎし、所管の大臣が調査を命じる事態にまで発展したが、四九個の整数から六個を選ぶ同ロトが、週に二回、年に一〇四回行なわれているとすると、四三年と少しで、どれか二回の当選番号が一致する確率が二分の一を上回る。当時同ロトは始まって五二年が経っていたので、そこまで驚くことではなかったのである。とはいえ、二回連続というのは尋常ならざることだ。しかし、世界中で実施されているロトの種類と回数をふまえると、こうしたことがたまに起こらないほうが異常で、現に同じ当選番号の二回連続が起こったロトはほかにもある。ハンド先生に言わせれば、これは「組み合わせの法則によって超大数の法則がいっそう強められただけのことで、これもありえなさの原理の一例にすぎない」のである。十分近くの法則も持ち出して、連続ではなく二週間以内や一カ月以内なども含めて探せば、該当する事例の数はぐんと増えることだろう。人間は「確率を直感的に把握するのが苦手」で、「偶然起こる物事の性質をなかなか理解できない人がこの現代にも大勢いる」。ハンド先生は本書で、ありえなさの原理の活かし方を伝授してくれているほか、私たちが気をつけたい確率・統計絡みの認知バイアスをいくつか取り上げている。

皆さんは次のようなことに興味をお持ちだろうか？　パーティートークを仕入れたい、シンクロニシティーの妥当性について考えてみたい、ロトで高額当選したときの当選金の取り分をできるだけ多くしたい、映画の続篇を製作したい、インチキ医療に引っかかりたくない、治験や市場調査の信頼性を確かめたい、裁判で証拠の妥当性を見誤りたくない、聖書の暗号の信憑性や金融危機が起こる確率を正しく認識したい、などなど。興味をお持ちであれば、そしてもちろんそうでなくても、本書をお楽しみいただけそうだ。数々の逸話にびっくり仰天しながら、確率・統計リテラシーの向上にお役立ていただければ幸いである。

訳者は本書を訳したのを機に生まれて初めてロト6に挑戦してみた。もちろん、ハンド先生のアドバイス（詳しくは6章で）に従い、数はクイックピックで選んだ。結果は……当たり前だが世の中そうは甘くない。なにしろ、当たるのが自分である確率は、これまたハンド先生のおっしゃるとおり、「ほぼ無限に小さい！」のだから。

最後に、本書を訳す機会をくださったうえ、訳案に対して有益な助言を多々いただいた早川書房編集部の伊藤浩氏、校正の労をおとりいただいた二タ村発生氏、そして文庫版の編集作業を進めていただいた早川書房の金田裕美子氏、校正の労をおとりいただいた林清次氏ほか、お世話になった皆様方にお礼申し上げる。

二〇一七年九月

解　説

物理学者（『物理数学の直観的方法』の著者）
長沼伸一郎

われわれの身の回りでは、本来なら起こりそうもない奇跡的な偶然というものが、現実にしばしば起こって驚かされることがある。そして本書『「偶然」の統計学』は、その背後に何があるかのからくりを「ありえなさの原理」として論理的に解き明かしたものである。

その原理は五つの法則をより糸として作られる、と著者デイヴィッド・J・ハンドは述べるが、特にその中でも一番の中核をなすのは「選択の法則」であろう。これは要するに一言で言えば、本来ならランダムな結果の一つとして生じたパターンに対して、後から人間がそれに意味を与えて、そのパターンが貴重で有意義なものだと解釈することで、あたかも非常に希少なことが奇跡的に起こったように見えるということである。

要するに人間側の解釈というものが状況を大きく左右するというわけだが、実は物理の世界では昔から別の場所で、これに似た議論があったと言えなくもない。それはエントロピー増大の法則に関する議論で、そこでの「人間という存在はエントロピー増大の法則の外に出られる存在なのか？」という問いが、これと一脈通じた部分をもっていたのである。

つまりこの話においても「解釈」という行為がそれを大きく左右するのであり、例えばガラス容器の中に何色かに色分けされた玉が入っていて、容器を揺すって中でそれが動くとする。この場合、純粋に物理的に見れば玉に塗られた色などに意味はなく、玉が中で移動する過程で物理的にはエントロピーは増大傾向に向かうはずである。

しかし外から見ている人間が玉の色に注目していて、それが何かの拍子にぴったり揃ったのを見たとき、それは突如として秩序のあるものになって、その瞬間にエントロピーは劇的に減少してしまうことになる。つまり人間が後からそれを特殊なものとして解釈することで、エントロピー増大の法則が破れてしまうというパラドックスが成り立つわけである。

エントロピーや熱力学の分野ではこの種のパラドックスは古くから議論されてきたのだが、翻って眺めると、確率統計の分野ではそういった議論はこれまであまり行われてこなかったような気がしなくもない。

そして確率における偶然の話では、そのように人間が結果に対して意義を後から与える余地がどのぐらいあるのか、言葉を換えれば、人間が「意味のあるパターン」として解釈しうるものが潜在的にどのぐらい大量に存在しているのか、ということが問題の鍵を握ることになる。

良い例が心霊写真などであり、そこでは事故現場の写真に写っている壁のシミや木々の葉などが「人の横顔や手招きしている手に見える」などと解釈され、映像が結構それらしく見えた時には、つい心霊現象を信じてしまうことも稀ではない。

しかしこの場合、その解釈として用意しうるパターンが一体何通りあるのかが問題で、もしそれが十分に多ければ、簡単に心霊現象や奇跡を主張することができてしまうのである。

つまりまず壁のシミの形状をパターン分類して、人間が識別しうる範囲でそのパターンが何通りあるのかを数える。その一方で「人の横顔」や「手招きする手」など、人間側がある程度納得するような解釈のパターンが一体何通り存在するのかを数え上げ、もし後者のパターン数が前者のパターン数を大きく上回っていれば、壁のシミはどんな形状のものであれ、ほぼ必ず何か意味のあるパターンとして解釈できることになる、というわけである。

これは心霊現象に限らず、われわれは日常生活でも何か奇妙な偶然の一致が起こったときに、しばしばそこに運命の出会いや神の啓示を見てしまうものである。しかしこの場合も、そのたまたま二つ同時に起こってしまった出来事について、人間側がその二つの組み合わせを単に無意味でランダムなものと見なすか、それとも啓示や運命を示すような非常に意味のあるものと解釈するかが、結果を大きく分けることになる。

そして本書で著者が暗示するのは、全体の中で後者が占める割合が、どうやら一般にわれわれが常識で想像しているよりもかなり大きい、ということである。実際言われてみると、「運命の偶然の一致として起こる二つの出来事」の場合も、その二つの出来事は、必ずしも両方ともが事前に想定していたカテゴリーの中から選ばれているわけではなく、二つ目の出来事は全くノーマークだった場所から自由に持ってきていることが多い。つまりそのペアの選択は、思ったより広い範囲からかなり高い自由度で行われているのである。

それを考えると、その数は一見するより遥かに多いことになり、先ほどの壁のシミの話で、その形状パターンの数を解釈パターンが上回るようなことも十分あり得るわけである。むしろここでの問題の本質は、人間の解釈能力が非常に柔軟で、想像以上に多くの組み合わせに意味を与えて、ランダムではない側に分類してしまうことにあると言えるかもしれない。

そして先ほどの「ありえなさの原理」を支える五つの法則の一つとして、著者は先ほどの「選択の法則」の他にもう一つ、「超大数の法則」というものを挙げている。今の話の観点からすると、これは通常の確率論における大数の法則とは少し違って、むしろ後者をカバーできるだけの規模を確保するためのもの、としての意味合いが強いと言えるだろう。

つまりサンプルの数を「超大数」のレベルにまで引き上げれば、人間の目からはどんなに奇跡的に見える稀な出来事でも、どこかでは必ず起こっていて、後者の膨大なパターンの中に現実にストックされることになる。そのためそこから最も印象的な事例を選択することで、奇跡と解釈されるような組み合わせが比較的容易に作られる、というわけである。

著者はこれらのことを、たくさんの興味深い事例や豊富なエピソードで解説しており、それはどこか往年の名著『統計でウソをつく法』（ダレル・ハフ著／講談社ブルーバックス）を思わせるものがある。

それにしても今まで科学は、先ほどの「意味のあるパターン」と「無意味なパターン」をどう区別するかということに関して、強力な指導原理や明確な指針を欠いたまま曖昧な形で話を進めることが多かったのではあるまいか。そして、ありえないような偶然が実際にはどのぐらい起こりやすいかは、本来は哲学的にも大きな議論を呼ぶべきものである。

宇宙論における「人間原理」については本書にも言及があるが、さらに悠久の時の流れの中で宇宙に生じる「擾乱《じょうらん》」についても、次のような解釈や可能性を考えることができる。まず一般的な話として、エントロピー増大の法則に従うと、宇宙は最後に完全に熱平衡に達して、いわゆる「熱死」状態を迎えるとされている。しかしその熱死状態もずっと続けば、そのどこかの一部分で局所的に僅かな擾乱は一時的に生じるはずである。

だとすれば、その擾乱の一つが「ありえない偶然」として、その内部に立派な営みを生んだとすればどうだろうか。その場合には、宇宙は何度も熱死から復活を遂げうるということになり、さらに極端に考えれば、あるいは現在のわれわれの存在自体がその一つなのではあるまいか、という解釈さえも浮かび上がってくるのである。

これは物理の例として眺めると、擾乱というものをあまりに拡大解釈しているという印象が否めないが、ところが経済の世界などを見ると、意外にもこの種の擾乱が馬鹿にならないものとして、実際に世の中を動かすメインの位置を占めていることがある。

例えば社会の消費は、本来なら人々が本当に必要なものを全部買い揃えてしまえば、原理的には停滞するはずである。ところが現実には全く不要なものが気まぐれに流行して、それが馬鹿にならない規模で消費を支えている。これは一種の擾乱なのだが、現在の飽和した消費社会ではむしろそちらがメインとなることも少なくない。これは、大衆がその擾乱を意味あるものと「解釈」して集団行動するため、そういうことが現実になるわけである。

一方において先ほどの問題の場合、物理の大きな観点から膨大な分子の動きとして眺めると、人々の営みもランダムな星間ガスの動きも、その意味において基本的には違いはない。つまりここでも擾乱に意味があるかどうかは、人間側の解釈に依存していることになる。

そして一般に、意味のあるパターンと無意味なパターンがどのぐらいの割合で生じるかという問題は、古くは「ゲーデルの不完全性定理」などでも一応それに近いことが議論されていたことはある。しかしその後を見るとこれらはそれ以上には進展しておらず、またその話が無限集合論などとも関連する難しいものだったこともあって、現在も一般には必ずしも広く哲学的な思考の基礎となるような、教養的知識に発展を遂げているとは言い難い。

そうしたことを考えると、この種の議論がどの程度まで成り立つかは、恐らく将来的には無限集合論のレベルまでを視野に入れて、新しいビジョンから判断されるようになるのではないかと想像される。

ともあれこうした「ありえない偶然」をどう評価するかは、今後も理論や学説の妥当性を判断するための有力な方法論として求められ続けるだろう。その際には本書の「ありえなさの原理」は、それを身の回りの実例を通じて具体的に眺めたものとして、思考を支える有力な一助となることが期待されるのである。

原　注

巻頭引用文

1. Lisa Belkin, “The Odds of That,” *The New York Times*, August 11, 2002より引用。

1章　不可思議なこと

1. fUSION Anomaly, “*The Girl from Petrovka*,” 最終更新日2001年8月1日、http://fusionanomaly.net/girlfrompetrovka.html.
2. Carl G. Jung, *Synchronicity: An Acausal Connecting Principle*, trans. R. F. C. Hull, Bollingen Series XX (Princeton, NJ: Princeton University Press, 1960), 15.（邦訳に『自然現象と心の構造——非因果的連関の原理』〔海鳴社〕所収の「共時性——非因果的連関の原理」〔河合隼雄訳〕がある）
3. N. Bunyan, “Double Hole-in-One,”*The Telegraph*, September 28, 2005.
4. Émile Borel, *Probabilities and Life*, trans. Maurice Baudin (New York: Dover Publications, 1962), 2-3. （『確率と生活』平野次郎訳、白水社）
5. ワープロの元祖たるタイプライターは機械式で、キーが小さな金属ハンマーに直結しており、ハンマーがインクの染み込んだリボンを叩いて文字の印影を用紙に残す仕組みになっている。
6. Borel, *Probabilities and Life*, 3.
7. Ibid., 2-3.
8. Ibid., 26.
9. Antoine-Augustin Cournot, *Exposition de la théorie des chances et des probabilités* (Paris, Librairies de L. Hachette, 1843).
10. Karl Popper, *The Logic of Scientific Discovery*, Routledge Classics (London: Routledge, 2002), 195. First published 1935 by Springer, Vienna.（『科学的発見の論理』大内義一・森博訳、恒星社厚生閣）
11. Borel, *Probabilities and Life*, 5-6.
12. Brian Greene, “5 Strange Things You Didn't Know About Kim Jong-Il,” *U.S. News & World Report*, December 19, 2011, www.usnews.com/

news/articles/2011/12/19/5-strange-things-you-didnt-know-about-kim-jong-il.

2章 気まぐれな宇宙

1. 1920年代から30年代にかけてのいかにもイギリスらしいコメディー。www.youtube.com/watch?v=8U22hYXUIvw.
2. B. F. Skinner, "'Superstition' in the Pigeon," *Journal of Experimental Psychology* 38 (1948): 168-72.
3. 興味深いことに、縁起の良いことより悪いことに結びつけられている迷信のほうが多いようである。警戒の必要性という進化の結果なのかもしれない。潜在的な脅威を見つけられれば、生き延びる可能性が高まるのだから。
4. Francis Bacon, *The New Organon: or True Directions Concerning the Interpretation of Nature* (1620), Aphorisms, Book One, XLVI.(河出書房新社『ワイド版世界の大思想 第2期4』所収の「ノヴム・オルガヌム」服部英次郎訳など)
5. Robert K. Merton, *On Social Structure and Science* (Chicago: University of Chicago Press, 1996), 196.
6. Robert L. Snow, *Deadly Cults: The Crimes of True Believers* (Westport, CT: Praeger Publishers, 2003), 112.
7. David Hume, *An Enquiry Concerning Human Understanding*, 2nd ed. (Indianapolis, IN: Hackett Publishing 1993), 77. First published 1777.(『人間知性研究』斎藤繁雄・一ノ瀬正樹訳、法政大学出版局など)
8. Daniel Druckman and John A. Swets, eds., *Enhancing Human Performance: Issues, Theories, and Techniques* (Washington, DC: The National Academies Press, 1988).
9. John Scarne, *Scarne on Dice* (Harrisburg, PA: Stackpole Books, 1974), 65.
10. Holger Bösch, Fiona Steinkamp, and Emil Boller, "Examining Psychokinesis: The Interaction of Human Intention with Random Number Generators—A Meta-Analysis," *Psychological Bulletin* 132 (2006): 497-523.
11. Scarne, *Scarne on Dice*, 63.
12. J. B. Rhine, "A New Case of Experimenter Unreliability," *Journal of*

Parapsychology 38 (1974): 215-25; Louisa E. Rhine, *Something Hidden* (Jefferson, NC: McFarland and Co., 2011).

13. Peter Brugger and Kirsten I. Taylor, "ESP: Extrasensory Perception or Effect of Subjective Probability?" *Journal of Consciousness Studies* 10, no.6-7 (2003): 221-46.
14. James Randi Educational Foundation, "One Million Dollar Paranormal Challenge," www.randi.org/site/index.php/1m-challenge.html.（2012年3月1日アクセス）
15. Carl G. Jung, *Synchronicity: An Acausal Connecting Principle*, trans. R.F.C. Hull, Bollingen Series XX (Princeton, NJ: Princeton University Press, 1960), 19.
16. Jung, *Synchronicity*, 25（「共時性――非因果的連関の原理」）. ユングが「シンクロニシティー」という呼び名を考え出したことについては、アーサー・ケストラーが1972年の著書『偶然の本質――パラサイコロジーを訪ねて』（村上陽一郎訳、ちくま学芸文庫）で次のように述べている。「同時性を含意する用語を作っておいて、それはそういう意味ではないと説明するなど、なぜユングがこうして物事を不必要に複雑化するのかと思うかもしれない。だが、くどさが同居するこの手のあいまいさはユングの著述の大部分で見受けられる」
17. Jung, *Synchronicity*, 22-23.（「共時性――非因果的連関の原理」）
18. Paul Kammerer, *Das Gesetz der Serie: Eine Lehre von den Wiederholungen im Lebens- und im Weltgeschehen* (Stuttgart and Berlin: Deutsche Verlags-Anstalt, 1919).
19. Rupert Sheldrake, *The Presence of the Past: Morphic Resonance and the Habits of Nature* (New York: Crown Publishing, 1988).
20. Pierre-Simon Laplace, *Essai philosophique sur les probabilités* (Paris: Courcier, 1814).（『確率の哲学的試論』内井惣七訳、岩波書店など）

3章　偶然とは何か？

1. Persi Diaconis and Frederick Mosteller, "Methods for studying coincidences," *Journal of the American Statistical Association* 84, no. 408 (1989): 853-61.
2. John J. Lumpkin, "Agency Planned Exercise on Sept. 11 Built around a Plane Crashing Into a Building," Associated Press, August 21, 2001,

www.prisonplanet.com/agency_planned_exercise_on_sept_11_built_around_a_plane_crashing_into_a_building.htm.

3. Leonard J. Savage, *The Foundations of Statistics* (New York: John Wiley & Sons, 1954), 2.
4. Edward Gibbon, *The History of the Decline and Fall of the Roman Empire*, Volume 2 (London: Strahan and Cadell, 1781), chapter XXIV, part V, footnote.（『ローマ帝国衰亡史』中野好夫訳、ちくま学芸文庫など）
5. *La logique, ou l'art de penser* は1662年にアントワーヌ・アルノーとピエール・ニコルによって匿名で刊行された。ブレーズ・パスカルもおそらく貢献者の１人だ。
6. 伝説によると、ローレンツがこのことを紙切れに走り書きしたのは、メリーランド大学にエウヘニア・カルナイ教授を訪ねたときのことである。
7. ただし、哲学者イアン・ハッキングは著書『確率の出現』（広田すみれ・森元良太訳、慶應義塾大学出版会）に、カイロ考古学博物館でサイコロを午後じゅう転がし続けたとき、それらが「見事なまでにバランスがとれている」ことに気づいてこう記している。「外見はむしろいびつなのだが実にバランスがとれており、等確率になるよう角をあちこち削り落としてあることを物語っている」（つまり、各面の出る確率を同じにしてあった、あるいは午後いっぱいサイコロを転がしてそう思える程度に同じに近づけてあったのである）。
8. Øystein Ore, "Pascal and the Invention of Probability Theory," *The American Mathematical Monthly* 67, no. 5 (1960): 409-19.
9. Luca Pacioli, *Summa de Arithmetica, Geometria, Proportioni et Proportionalita* (Venice, 1494).
10. Giovanni Francesco Peverone, *Due Brevi e Facili Trattati, il Primo d'Arithmetica, l'Altro di Geometria* (Lyon, 1558).
11. David Napley, "Lawyers and Statisticians," *Journal of the Royal Statistical Society, Series A* 145, no. 4 (1982): 422-38.
12. Adolphe Quetelet, *A Treatise on Man, and the Development of his Faculties* (Edinburgh: William and Robert Chambers, 1842; New York: Burt Franklin, 1968), 80.（『人間に就いて』平貞蔵・山村喬訳、岩波文庫）
13. Bruno de Finetti, *Theory of Probability: A Critical Introductory*

Treatment (New York: John Wiley & Sons, 1974-75).
14. Girolamo Cardano, *Liber de ludo aleae* (*The Book on Games of Chance*) (1663).
15. Francis Galton, *Natural Inheritance* (London: Macmillan, 1889).
16. Theodore Micceri, "The Unicorn, the Normal Curve, and Other Improbable Creatures," *Psychological Bulletin* 105, no. 1 (1989): 156-66.
17. Henri Poincaré, *Science and Method*, trans. Francis Maitland (London: Thomas Nelson, 1914), chapter 4.（『科学と方法』吉田洋一訳、岩波文庫など）
18. Lewis Campbell and William Garnett, *The Life of James Clerk Maxwell: With a Selection from His Correspondence and Occasional Writings and a Sketch of His Contributions to Science* (London: Macmillan, 1882; Cambridge: Cambridge University Press, 2010), 442.
19. http://archive.org/details/TheBornEinsteinLetters.

４章　不可避の法則

1. 宝くじのキャッチフレーズはそれだけで一分野をなしている。マサチューセッツ州ロトは真実をほんの少し曲げて「誰かが当たる」（当たりくじを誰も買わないかもしれないことを忘れている）。オレゴン州ロトは怪しげな道徳的立場に立って「何かいいことがある」。コロラド州ロトはシンプルに「忘れずに選んで」。ノースカロライナ州はあからさまに「買ってみなけりゃ当たらない」などなど、バラエティーに富んでいる。

５章　超大数の法則

1. Augustus De Morgan, "Supplement to the Budget of Paradoxes," *The Athenaeum* no. 2017 (1866): 836.
2. J. E. Littlewood, *A Mathematician's Miscellany* (London: Methuen and Co., 1953), 105.
3. Ellen Goodstein, "Unlucky in Riches," November 17, 2004, http://lottoreport.com/AOLSadbuttrue.htm.
4. 同ロトはあの期間中に 6/39 くじから 6/42 くじに移行した。1 兆分の 1 という数字は、ミズ・アダムズが抽選券を毎週 1 枚 4 カ月にわ

たって買い続けた場合の話である。

5. Christina Ng, "Virginia Woman Wins $1 Million Lottery Twice on Same Day," Good Morning America, April 23, 2012, http://abcnews.go.com/virginia-woman-wins-million-lottery-twice/story?id=16195500.
6. "Identical Lottery Draw Was Coincidence," Reuters, September 18, 2009, www.reuters.com/article/us-lottery-idUSTRE58H4AM20090918.
7. R. D. Clarke, "An Application of the Poisson Distribution," *Journal of the Institute of Actuaries* 72 (1946): 481.
8. Nicholas Miriello and Catherine Pearson, "42 Disease Clusters in 13 U.S. States Identified," *The Huffington Post*, last updated May 31, 2011, www.huffingtonpost.com/2011/03/31/disease-clusters-us-states_n_842529.html#s259789title=Arkansas.
9. Uri Geller, "11.11," September 17, 2010, www.urigeller.com/11_11.
10. Ibid.

11. ここでの「ランダム」は特別な意味で使われている。具体的には、10 種類の数字それぞれが確率 10 分の 1 で出現し、任意の数字のペアは確率 100 分の 1 で出現し、数字の任意の三つ組は確率 1000 分の 1 で出現し、という具合になっていることを指す。数字は永遠に続き、決して循環的に繰り返したりしない。

12. 自分の誕生日が π の何桁めに出現するかを知りたくなったら、www.angio.net/pi/piquery という素晴らしいウェブページを参照されたい。

13. Mark Ronan, *Symmetry and the Monster: One of the Greatest Quests of Mathematics* (Oxford: Oxford University Press, 2006).（『シンメトリーとモンスター——数学の美を求めて』宮本雅彦・宮本恭子訳、岩波書店）
14. R. L. Holle, "Annual Rates of Lightning Fatalities by Country," Preprints, 20th International Lightning Detection Conference, April 21-23, 2008, Tucson, Arizona.
15. www.pga.com/pga-america/hole-one.
16. www.holeinonesociety.org/pages/home.aspx.
17. *The Times*, May 24, 2007.
18. Tim Reid, "Two Holes in One—And It's the Same Hole," *The Times*, August 2, 2006.

19. "Hunstanton, England," Top 100 Golf Courses of the World, accessed June 9, 2013, www.top100golfcourses.co.uk/htmlsite/productdetails.asp?id=75.
20. Mick Power, *Adieu to God: Why Psychology Leads to Atheism* (Chichester, UK: Wiley-Blackwell, 2012).
21. Thomas H. Jordan et al., "Operational Earthquake Forecasting: State of Knowledge and Guidelines for Utilization," Report by the International Commission on Earthquake Forecasting for Civil Protection, *Annals of Geophysics* 54, no. 4 (2011): 315-91, doi:10.4401/ag-5350. www.earth-prints.org/bitstream/2122/7442/1/AG_jordan_etal_11.pdf.
22. Richard Wiseman, *Paranormality: Why We Believe the Impossible* (London: Macmillan, 2011)（『超常現象の科学――なぜ人は幽霊が見えるのか』木村博江訳、文藝春秋）, www.richardwiseman.com/ParaWeb/Inside_intro.shtml.
23. Martin Plimmer and Brian King, *Beyond Coincidence* (Cambridge, UK: Icon Books, 2004).（『本当にあった嘘のような話』有沢善樹訳、アスペクト文庫）

６章　選択の法則

1. Charles Forelle and James Bandler, "The Perfect Payday," *The Wall Street Journal*, March 18, 2006, http://online.wsj.com/article/SB114265075068802118.html.
2. Erik Lie, "On the Timing of CEO Stock Option Awards," *Management Science* 51, no. 5 (2005): 802-12. www.biz.uiowa.edu/faculty/elie/Grants-MS.pdf.
3. Ward Hill Lamon, *Recollections of Abraham Lincoln 1847-1865*, ed. Dorothy Lamon Teillard (Cambridge, MA: The University Press, 1895/rev. and exp. 1911; Lincoln, NE: University of Nebraska Press, 1994).
4. Francis Bacon, *The New Organon: or True Directions Concerning the Interpretation of Nature* (1620), paragraph XLVI.（「ノヴム・オルガヌム」）
5.「平均への回帰」という言い回しは、「回帰」という言葉が統計学用語として初めて使われた事例だった。

6. Linda Mountain, "Safety Cameras: Stealth Tax or Life-Savers?" *Significance* 3, no. 3 (2006): 111-13.
7. Arthur Koestler, *The Roots of Coincidence* (London: Pan Books Ltd., 1974).（『偶然の本質――パラサイコロジーを訪ねて』）
8. Daniel Kahneman, *Thinking, Fast and Slow* (New York: Farrar, Straus and Giroux, 2011).（『ファスト＆スロー――あなたの意思はどのように決まるか？』村井章子訳、ハヤカワ文庫）
9. William Withering, *An Account of the Foxglove, and Some of Its Medical Uses: With Practical Remarks on Dropsy, and Other Diseases* (Birmingham, England: G.G.J. and J. Robinson, 1785).
10. David J. Hand, *Information Generation: How Data Rule Our World* (Oxford: Oneworld Publications, 2007).
11. Horace Freeland Judson, *The Great Betrayal: Fraud in Science* (Orlando, FL: Houghton Mifflin Harcourt, 2004).
12. John P. A. Ioannidis, "Why Most Published Research Findings Are False," *PloS Medicine* 2, no. 8 (2005): e124.

７章　確率てこの法則

1. Sebastian Mallaby, *More Money Than God: Hedge Funds and the Making of a New Elite* (New York: The Penguin Press, 2010), chapter 4.（『ヘッジファンド――投資家たちの野望と興亡』三木俊哉訳、楽工社）
2. S. Machin and T. Pekkarinen, "Global Sex Differences in Test Score Variability," *Science* 322 (2008): 1331-32.
3. Roger Lowenstein, *When Genius Failed: The Rise and Fall of Long-Term Capital Management* (New York: Random House, 2000).（『最強ヘッジファンドLTCMの興亡』東江一紀・瑞穂のりこ訳、日経ビジネス人文庫）
4. Bill Bonner, "25 Standard Deviations in a Blue Moon," *MoneyWeek*, November 13, 2007, www. moneyweek.com/news-and-charts/economics/25-standard-deviations-in-a-blue-moon.
5. Izabella Kaminska, "'A 12th "Sigma" Event If There Is Such a Thing,'" *FTAlphaville*, May 7, 2010, http://ftalphaville.ft.com/2010/05/07/223821/a-12th-sigma-event-if-there-is-such-a-thing.
6. Carmen M. Reinhart and Kenneth S. Rogoff, *This Time Is Different:*

Eight Centuries of Financial Folly (Princeton, NJ: Princeton University Press, 2009).（『国家は破綻する――金融危機の800年』村井章子訳、日経BP社）

7. 図7・2において、正規分布は平均0、分散1、コーシー分布は中央値と尺度パラメーターともに1である。
8. M. V. Berry, "Regular and Irregular Motion," in *Topics in Nonlinear Dynamics: A Tribute to Sir Edward Bullard*, American Institute of Physics Conference Proceedings 46 (La Jolla, CA: American Institute of Physics, 1978), 16-120.
9. Alister Hardy, Robert Harvie, and Arthur Koestler, *The Challenge of Chance: Experiments and Speculations* (London: Hutchinson, 1973).
10. Ibid., 25.
11. Persi Diaconis and Frederick Mosteller, "Methods for studying Coincidences," *Journal of the American Statistical Association* 84, no. 408 (1989): 853-61.
12. Ray Hill, "Multiple Sudden Infant Deaths—Coincidence or Beyond Coincidence?" *Paediatric and Perinatal Epidemiology* 18 (2004): 320-26.

8章　近いは同じの法則

1. Carl G. Jung, *Synchronicity: An Acausal Connecting Principle*, trans. R.F.C. Hull (Princeton, NJ: Princeton University Press, 1973), 22.（「共時性――非因果的連関の原理」）
2. Ibid., 21.
3. Alister Hardy, Robert Harvie, and Arthur Koestler, *The Challenge of Chance: Experiments and Speculations* (London: Hutchinson, 1973), 34.
4. ゼナーカードは、1930年代初期にJ・B・ラインの同僚だったカール・ゼナーによってESP実験用にデザインされたカードである。1セット25枚で、5種類が5枚ずつある。その5種類には線画でそれぞれ円、ギリシャ十字、縦3本の波線、四角、五角の星形が描かれている。
5. Arthur Koestler, *The Roots of Coincidence* (London: Pan Books Ltd., 1974), 39-40.（『偶然の本質――パラサイコロジーを訪ねて』）
6.「統計的に有意」という概念については11章で詳しく説明する。

7. Koestler, *Roots of Coincidence*, 39.（『偶然の本質——パラサイコロジーを訪ねて』）
8. これらは直角三角形の辺の長さと捉えられる。ピタゴラスの定理によれば、直角を挟む両辺の長さをそれぞれ二乗して足した値は、残った対辺の長さの二乗に等しい。つまり、辺の長さが3, 4, 5の三角形は、$3^2+4^2=5^2$ということで、直角三角形である。
9. この例についてはマイク・クロウに恩義がある。
10. もう3つ例を挙げよう：$e^{\pi}-\pi=19.9991...$、整数20に十分に近く、いろいろな用途で使える。$\sin(2017\times 2^{1/5})=-0.9999999999999999785...$、$-1$にきわめて近い。$\pi^9/e^8=9.9998...$、ほとんど1だ。
11. Charles Piazzi Smyth, *The Great Pyramid: Its Secrets and Mysteries Revealed* (also titled *Our Inheritance in the Great Pyramid*) (London: Isbister and Co., 1874).
12. Charles Dickens, *The Old Curiosity Shop* (London: Chapman and Hall, 1841), chapter 39.（『骨董屋』北川悌二訳、ちくま文庫など）

9章 人間の思考

1. P. P. Wakker, *Prospect Theory for Risk and Ambiguity* (Cambridge: Cambridge University Press, 2010).
2. Thomas Gilovich, Robert Vallone, and Amos Tversky, "The Hot Hand in Basketball: On the Misperception of Random Sequences," *Cognitive Psychology* 17 (1985): 295-314.
3. S. Christian Albright, "A Statistical Analysis of Hitting Streaks in Baseball," *Journal of the American Statistical Association* 88, no. 424 (1993): 1175-83.
4. Jim Albert, "A Statistical Analysis of Hitting Streaks in Baseball: Comment," *Journal of the American Statistical Association* 88, no. 424 (1993), 1184-88.
5. C. G. Jung, *Memories, Dreams, Reflections,* rec. and ed. Aniela Jaffé, trans. Richard and Clara Winston (London: Collins and Routledge & Kegan Paul, 1963).（『ユング自伝——思い出・夢・思想』河合隼雄・藤縄昭・出井淑子訳、みすず書房）
6. Ibid., 136.
7. Ibid., 188-89.
8. "Is this Britain's luckiest woman?" *Mail Online*, updated June 28,

2011, www.dailymail.co.uk/news/article-2008648/Is-Britains-luckiest-woman-Former-bank-worker-earns-living-winning-competitions.html.
9. Richard K. Guy, "The Strong Law of Small Numbers," *The American Mathematical Monthly* 95, no. 8 (1988): 697-712.
10. 最初の予想は偽で、2つめは真である。
11. Nevil Maskelyne, "The Art in Magic," *The Magic Circular*, June 1908, 25.
12. Leonard Mlodinow, *The Drunkard's Walk: How Randomness Rules Our Lives* (New York: Pantheon, 2008).（『たまたま――日常に潜む「偶然」を科学する』田中三彦訳、ダイヤモンド社）
13. E. H. Carr, *What Is History? The George Macaulay Trevelyan Lectures Delivered in the University of Cambridge*, Penguin History (Cambridge: Cambridge University Press, 1961; London: Penguin Books, 1990).

10章　生命、宇宙、その他もろもろ

1. Richard Dawkins, *Climbing Mount Improbable* (London: Penguin Books, 1996), 66.
2. William Paley, *Natural Theology; or, Evidence of the Existence and Attributes of the Deity, Collected from the Appearances of Nature* (London: R. Faulder, 1802).
3. Tim H. Sparks et al., "Increased Migration of Lepidoptera Linked to Climate Change," *European Journal of Entomology* 104 (2007): 139-43.
4. Mark Ridley, *The Problems of Evolution* (Oxford: Oxford University Press, 1985), 5.
5. Charles Darwin, *On the Origin of Species by Means of Natural Selection, or the Preservation of Favoured Races in the Struggle for Life* (London: John Murray, 1859), 127.（『種の起源』渡辺政隆訳、光文社古典新訳文庫など）
6. Victor J. Stenger, "Where Do the Laws of Physics Come From?" preprint, PhilSci Archive, 2007, http://philsci-archive.pitt.edu/3662.
7. http://physics.nist.gov/cgi-bin/cuu/Value?mnsmp|search_for=neutron-proton+mass+ratio.
8. Fred C. Adams, "Stars in Other Universes: Stellar Structure with

Different Fundamental Constants," *Journal of Cosmology and Astroparticle Physics* 2008, no. 8 (2008): 010.
9. John D. Barrow and Frank J. Tipler, *The Anthropic Cosmological Principle* (Oxford: Oxford University Press, 1988), 16.
10. Ibid., 28.
11. Martin Gardner, "WAP, SAP, PAP, and FAP," *The New York Review of Books* 23, no. 8 (May 8, 1986): 22-25.
12. Barrow and Tipler, *The Anthropic Cosmological Principle*.

11章　ありえなさの原理の活かし方

1. Paul J. Nahin, *Duelling Idiots and Other Probability Puzzlers* (Princeton, NJ: Princeton University Press, 2000; reissue ed., 2012).（『ちょっと手ごわい確率パズル』松浦俊輔訳、青土社）
2. B. F. Skinner, "The Alliteration in Shakespeare's Sonnets: A Study in Literary Behavior," *The Psychological Record* 3 (1939): 186-92.
3. シェイクスピア作品に関しては文学的な研究が大量になされており、スキナーの結論がこれからも変わらずにいるとはあまり考えられない。ウルリッヒ・ゴールドスミスはこの件をさらに追求して次のように述べている。「[スキナーは] ソネットにおける頭韻の歴史的側面を無視しているばかりか、かの詩人による頭韻の実践における芸術的意図の存在を否定している」。Ulrich K. Goldsmith, "Words Out of a Hat? Alliteration and Assonance in Shakespeare's Sonnets," *The Journal of English and Germanic Philology* 49, no. 1 (1950): 33-48.
4. Arthur Conan Doyle, *The Sign of the Four*, chapter 6, in *Lippincott's Monthly Magazine*, February 1890.（『四つの署名』大久保康雄訳、ハヤカワ・ミステリ文庫など）
5. David Hume, *An Enquiry Concerning Human Understanding*, 2nd ed. (Indianapolis, IN: Hackett Publishing, 1993), 77.（『人間知性研究』）
6. この呼び名は少々残念なものと言えるかもしれない。というのも、ベイズの定理は確率を計算する数学的手法の一つで、確率の「確信の度合い」解釈の立場に立つ統計家ばかりか、統計家なら誰でもこれを用いて確率を計算しているからだ。

結び

1. *The Times*, July 12, 2007.
2. James A. Hanley, "Jumping to Coincidences: Defying Odds in the Realm of the Preposterous," *The American Statistician* 46, no. 3 (1992): 197-202.
3. *The Telegraph*, December 21, 2008.
4. *Fortean Times* 153 (December 2001): 6.
5. Mike Perry, "Scrabble Coincidence from a South African Artist," *67 Not Out: Coincidence, Synchronicity and Other Mysteries of Life*, www.67notout.com/2010/10/scrabble-coincidence-from-south-african.html.
6. *The Times*, January 2, 2012; http://news.yahoo.com/wedding-ring-lost-16-years-found-growing-garden-230706338.html.

付録　A

1. 伝説によると、インターネット検索会社名である Google は "googol" の綴りミスだった。

本書は、二〇一五年八月に早川書房より単行本として刊行された作品を文庫化したものです。

Risk

〈数理を愉しむ〉シリーズ

リスクにあなたは騙される

ダン・ガードナー
田淵健太訳
ハヤカワ文庫ＮＦ

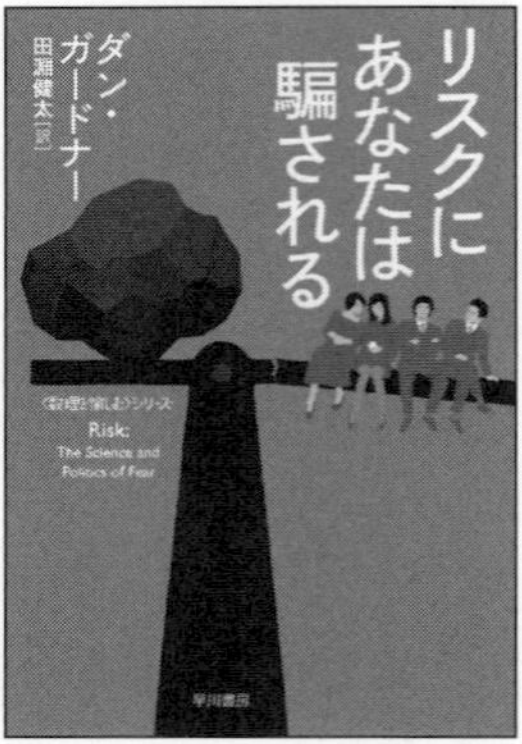

池田信夫氏推薦！
現代人がリスクに抱く過剰な恐怖心を徹底解明

環境汚染やネット犯罪など新たなリスクを抱える現代人。実際に災難に遭う率はどれほどか？　気鋭のジャーナリストがその確率を具体的に示し、言葉やイメージで判断が揺らぐ人間の心理と、恐怖をあおる資本主義社会の構造を鋭く暴く必読書。解説／佐藤健太郎

訳者略歴　1962年生，慶應義塾大学大学院理工学研究科電気工学専攻前期博士課程（修士課程）修了　翻訳家　訳書にレヴィン『重力波は歌う』（共訳），ビリングズ『五〇億年の孤独』，キーン『スプーンと元素周期表』，オールダシー＝ウィリアムズ『人体の物語』（以上早川書房刊）ほか多数

HM=Hayakawa Mystery
SF=Science Fiction
JA=Japanese Author
NV=Novel
NF=Nonfiction
FT=Fantasy

〈数理を愉しむ〉シリーズ

「偶然《ぐうぜん》」の統計学《とうけいがく》

〈NF510〉

二〇一七年十月　十　日　印刷
二〇一七年十月十五日　発行
（定価はカバーに表示してあります）

著　者　デイヴィッド・J・ハンド
訳　者　松《まつ》井《い》信《のぶ》彦《ひこ》
発行者　早川　浩
発行所　株式会社　早川書房
郵便番号　一〇一 - 〇〇四六
東京都千代田区神田多町二ノ二
電話　〇三 - 三二五二 - 三一一一（大代表）
振替　〇〇一六〇 - 三 - 四七七九九
http://www.hayakawa-online.co.jp
乱丁・落丁本は小社制作部宛お送り下さい。
送料小社負担にてお取りかえいたします。

印刷・精文堂印刷株式会社　製本・株式会社明光社
Printed and bound in Japan
ISBN978-4-15-050510-3 C0141

本書は活字が大きく読みやすい〈トールサイズ〉です。